Shahide Dehghan
Hossein Norouzi
Hossein Gholami

Gestão de riscos e segurança em projectos de construção

Shahide Dehghan
Hossein Norouzi
Hossein Gholami

Gestão de riscos e segurança em projectos de construção

ScienciaScripts

Imprint

Cover image: www.ingimage.com

This book is a translation from the original published under ISBN 978-620-8-11672-9.

Publisher:
Sciencia Scripts
is a trademark of
Dodo Books Indian Ocean Ltd. and OmniScriptum S.R.L publishing group

120 High Road, East Finchley, London, N2 9ED, United Kingdom
Str. Armeneasca 28/1, office 1, Chisinau MD-2012, Republic of Moldova, Europe
Printed at: see last page
ISBN: 978-620-8-15843-9

GESTÃO DOS RISCOS E DA SEGURANÇA NOS PROJECTOS DE CONSTRUÇÃO

SHAHIDE DEHGHAN[1] , HOSSEIN NOROUZI[2] HOSSEIN GHOLAMI [3]

[1] DEPARTMENT OF GEOGRAPHY, NAJAFABAD BRANCH, ISLAMIC AZAD UNIVERSITY, NAJAFABAD, IRAN

[2]DEPARTAMENTO DE ENGENHARIA CIVIL, SECÇÃO DE ISFAHAN (KHORASGAN), UNIVERSIDADE ISLÂMICA AZAD, ISFAHAN, IRÃO

[3]DEPARTAMENTO DE ENGENHARIA CIVIL, SECÇÃO DE ISFAHAN (KHORASGAN), UNIVERSIDADE ISLÂMICA AZAD, ISFAHAN, IRÃO

2025

ÍNDICE DE CONTEÚDOS

PREFÁCIO 3

INTRODUÇÃO 4

CORPO DO TEXTO 5

REFERÊNCIAS 40

PREFÁCIO

Devido ao crescimento significativo da urbanização e aos avanços das tecnologias modernas, a existência de possíveis riscos e perigos é inevitável e tornou-se parte integrante da vida quotidiana. Os acidentes estão quase em todo o lado e, por vezes, são imprevisíveis. Uma das áreas de risco mais importantes e com uma percentagem significativa de acidentes é a indústria da construção. Neste sector, os acidentes são um elemento sempre presente e à espreita. O facto de não se prestar atenção aos riscos tem efeitos negativos no custo, no tempo e na qualidade da construção. Para gerir eficazmente os riscos nos projectos de construção, é necessário utilizar uma metodologia correta e sistemática e, ao mesmo tempo, ter conhecimentos e experiência suficientes. Embora tenham sido apresentadas até agora diferentes definições de gestão do risco e das suas fases, as três áreas principais de identificação, avaliação e controlo do risco são consideradas como partes fixas e inalteráveis da gestão do risco. Em alguns casos, o controlo do risco é erradamente designado por gestão do risco. Além disso, em alguns sistemas, a secção de edição é também considerada a última etapa. Em geral, a gestão do risco nos projectos de construção está cheia de deficiências que têm um efeito negativo na sua eficácia como função de gestão do projeto e, em última análise, no desempenho dos projectos. Durante muitos anos, a gestão do risco em projectos de construção foi feita utilizando uma abordagem reducionista que produz maus resultados e limita a qualidade da gestão do projeto. Para implementar eficazmente a gestão do risco, é necessário utilizar métodos e soluções novos e eficientes e, ao mesmo tempo, deve haver conhecimento e experiência suficientes. Por exemplo, é necessário ter consciência dos acontecimentos imprevistos que podem ocorrer durante a execução de um projeto. A não implementação de uma gestão eficaz dos riscos do projeto, devido à falta de ação preventiva contra os riscos e incertezas que cada projeto apresenta, terá inúmeras consequências negativas para o pessoal do projeto. Por exemplo, a não prevenção de acidentes causados pela não definição do âmbito de um projeto, de riscos ambientais ou de riscos de comunicação entre o pessoal da oficina, conduz a atrasos, a um aumento significativo dos custos e a litígios contratuais, etc.

INTRODUÇÃO

A gestão dos riscos na indústria da construção é uma parte muito importante da gestão e do planeamento dos projectos. Existem diferentes tipos de risco nos projectos de construção. A gestão do risco é uma nova tendência da ciência da gestão numa vasta gama de ramos, incluindo finanças e investimento, negócios, seguros, segurança, saúde e medicina, política, social, militar e projectos industriais e de construção. De facto, a gestão dos riscos é um processo sistemático de identificação, análise e resposta aos riscos do projeto, em que a probabilidade e os efeitos dos acontecimentos positivos são maximizados e os efeitos e acontecimentos negativos são minimizados. De facto, a gestão do risco do projeto é um conjunto de processos necessários para identificar, analisar e reagir ao risco do projeto, de modo a maximizar os resultados de eventos positivos e minimizar as consequências de eventos infelizes. Esta questão é facilmente afetada por factores externos que não só fazem com que o projeto se desvie da sua trajetória original, como também esses desvios podem ser irreparáveis. A gestão do risco tornou-se uma ferramenta eficaz no sector da construção, que é utilizada para recolher todos os tipos de risco e analisá-los. E ajuda a analisar e a tomar medidas para os eliminar num projeto específico. Os tipos de riscos que estão incluídos nos deveres de um gestor de projectos quando gere um projeto de construção são: risco orçamental na construção e flutuações de preços durante a implementação do projeto de construção, o custo dos consumíveis, a oferta e a procura do mercado, estimativas e erros inadequados, inflação na economia, multas e pagamentos em atraso, fluxo financeiro irregular e incompetência financeira do empreiteiro são considerados ameaças muito grandes ao projeto e riscos financeiros.

CORPO DO TEXTO

Riscos sociais e políticos no país de acordo com as reformas nas leis e regulamentos do país, suborno, não pagamento de despesas pelo governo. O aumento dos impostos e a mudança de funcionários são factores importantes neste tipo de risco. Os riscos ambientais, as intempéries, a facilidade de acesso de todos ao local do projeto, os tipos de poluição e as condições meteorológicas adversas, as catástrofes naturais, o acesso ao local do projeto, a poluição e a regulamentação em matéria de segurança são alguns dos riscos desta categoria. Os riscos de construção deste tipo de riscos, de acordo com as leis e regulamentos, tais como: lutas e discussões entre trabalhadores, alterações nos projectos, ineficiência dos trabalhadores, pressa no leilão, intervalo de tempo para verificar os planos, má qualidade do trabalho devido a restrições de tempo e... são factores importantes nos riscos de construção. No ambiente complexo e dinâmico que existe nos projectos de construção, identificar e gerir os riscos é um dos requisitos básicos para evitar problemas futuros e melhorar o desempenho. A identificação de riscos em projectos de construção requer um planeamento e uma implementação cuidadosos. Os projectos de reabilitação de edifícios são empreendimentos altamente estruturados em que vários departamentos e indivíduos se juntam para criar um produto tangível único. Nestes cenários, a queda de uma peça, por mais pequena que seja, pode ter efeitos catastróficos que podem perturbar ou mesmo fazer descarrilar projectos e prejudicar a reputação da empresa. Os gestores precisam de avaliar, controlar e monitorizar continuamente os riscos para manter os projectos no bom caminho. Mas, mesmo antes disso, devem ser identificados, as suas causas compreendidas e as implicações que podem ter no projeto. Vamos destacar os riscos comuns que um projeto típico enfrenta durante o seu tempo de vida. Os riscos técnicos são talvez os riscos mais comuns enfrentados pelos gestores de obra e, em última análise, afectam a qualidade do produto final. O que leva a um retrabalho dispendioso, à perda de prazos e até a litígios com o cliente. Os projectos de construção, grandes e pequenos, dependem em grande medida de um fluxo constante de fundos. Qualquer perturbação financeira pode ter consequências graves, como atrasos e interrupções debilitantes do calendário. Os riscos ambientais incluem condições meteorológicas imprevisíveis, catástrofes naturais e efeitos sazonais, que podem provocar atrasos e perdas potenciais nos projectos. Os riscos relacionados com a gestão podem conduzir a perdas catastróficas, tanto financeiras como de crédito. O risco de gestão mais comum está relacionado com a produtividade incerta dos recursos. Na investigação e identificação de riscos em projectos de construção, deve saber-se que os riscos organizacionais são riscos que existem ao nível da organização e que causam o enfraquecimento dos alicerces da empresa e afectam a reputação da marca. Os projectos de construção são sempre únicos e os riscos provêm de muitas fontes diferentes. Os projectos de construção são intrinsecamente complexos e dinâmicos e envolvem múltiplos processos de feedback. Muitos participantes, indivíduos e organizações estão ativamente envolvidos no projeto de construção e os seus interesses podem ser afectados positiva ou negativamente pelo resultado do projeto ou pela conclusão do mesmo. Diferentes participantes com diferentes experiências e competências. Normalmente, têm expectativas e interesses diferentes. Isto cria naturalmente problemas e confusão mesmo para os gestores de projectos e empreiteiros mais experientes. A gestão do risco é um processo importante e eficaz nos projectos de construção e civis que identifica, avalia, reage e controla os possíveis riscos que podem ter um impacto no êxito do projeto ou ter um efeito negativo em um ou mais objectivos do projeto. A probabilidade de ocorrência do risco é expressa em percentagem ou qualitativamente com base em categorias específicas. Nesta fase, são identificados todos os riscos possíveis. Estes riscos podem ser financeiros, temporais, técnicos, ambientais, jurídicos ou sociais. Alguns métodos de identificação de riscos incluem sessões de brainstorming, revisão de documentos do projeto e análise de riscos anteriores. Nesta fase, cada risco identificado é avaliado em pormenor. Esta avaliação inclui a determinação da probabilidade de ocorrência do risco e do seu impacto no projeto. Várias ferramentas são usadas para essa tarefa, como a Matriz de Probabilidade e Impacto e a Análise de Sensibilidade. Depois de avaliar os riscos, é necessário formular planos para responder a cada risco. As possíveis respostas aos riscos incluem evitar, reduzir, transferir e aceitar os riscos. Esta fase inclui o acompanhamento do estado dos riscos identificados e a implementação de planos de resposta aos riscos. Nesta fase, é necessário verificar constantemente o estado dos riscos e atualizar os planos de resposta, se necessário. Após a conclusão do projeto, é recolhido o feedback do processo de gestão do risco para que as lições aprendidas possam ser utilizadas em projectos futuros e os processos possam ser melhorados. Nos projectos de construção e de engenharia civil, a gestão eficaz dos riscos é fundamental, uma vez que estes projectos são normalmente complexos e apresentam muitos riscos. Previsão de possíveis custos e afetação de recursos financeiros de forma a que os riscos financeiros possam ser geridos. Criar calendários que incluam calendários alternativos em caso de riscos temporais. Identificar os riscos relacionados com a qualidade e adotar as medidas necessárias para garantir a qualidade. Riscos de segurança e criação de programas de segurança para lidar com esses riscos. A implementação correta e contínua da gestão do risco pode contribuir significativamente para o sucesso e a produtividade dos projectos de construção e evitar problemas grandes e dispendiosos no futuro. A gestão do risco é um dos ramos relativamente jovens da área da gestão de projectos, que ainda não dispõe de um mecanismo formal e específico nos projectos de construção. Os inquéritos mostram que a aplicação de técnicas de gestão do risco em projectos de construção é muito limitada. Embora exista uma relação estreita entre a aplicação da gestão do risco e a obtenção de sucesso em indicadores-chave do projeto, como o custo, o tempo, a qualidade e a segurança. Especialmente nos projectos de construção, que são conhecidos como projectos de risco com muitas incertezas. Os projectos de construção são susceptíveis a vários riscos devido a interações complexas entre o empregador, o empreiteiro, os subempreiteiros, os fornecedores, os engenheiros consultores e outras partes interessadas no projeto. Apesar de a gestão do risco ser efectuada em muitos megaprojectos, continuamos a assistir à insuficiência do orçamento estimado ou a um aumento significativo da duração do projeto. A gestão do risco é um dos ramos relativamente jovens da área da gestão de projectos, que ainda não dispõe de um mecanismo formal e específico nos projectos de construção. Os inquéritos mostram que a aplicação de técnicas de gestão do risco em projectos de construção é muito limitada. Embora exista uma relação estreita entre a aplicação da gestão do risco e a obtenção de sucesso em indicadores-chave do projeto, como o custo, o tempo, a qualidade e a segurança. Especialmente nos projectos de construção, que são conhecidos como projectos de risco com muitas incertezas. Os projectos de construção são susceptíveis a vários riscos devido a interações complexas entre o empregador, o empreiteiro, os subempreiteiros, os fornecedores, os engenheiros consultores e outras partes interessadas no projeto. Embora a gestão dos riscos seja efectuada em muitos megaprojectos, continuamos a assistir à insuficiência do orçamento estimado ou a um aumento significativo da duração do projeto. Os diferentes tipos de risco nos projectos de construção incluem: riscos financeiros, riscos ambientais, riscos socioeconómicos e riscos relacionados com a construção. Todos estes casos são estudados no tópico "gestão do risco". As enormes mudanças nos factores ambientais na indústria da construção não estão escondidas de ninguém. Esta questão é simplesmente influenciada por factores externos (técnicos, de conceção, lógicos, físicos, funcionais, ambientais, sócio-políticos e de emergência e operações rápidas, etc.) que não só fazem com que o projeto se desvie do seu caminho original, como estes desvios podem ser irreparáveis. Por conseguinte, a gestão do risco torna-se uma ferramenta eficaz que nos ajuda a reunir todos os tipos de risco e a analisar e tomar medidas para os eliminar num projeto específico. Riscos financeiros, sócio-políticos, ambientais e riscos relacionados com as operações de construção. As flutuações de preços durante o projeto, o custo dos materiais e dos materiais necessários, a procura do mercado, estimativas inadequadas, inflação, pagamentos diferidos, fluxo financeiro irregular e A incompetência financeira do empreiteiro é conhecida como uma grande ameaça ao projeto e aos riscos financeiros. As alterações às leis e regulamentos governamentais, o suborno, o não pagamento atempado das despesas pelo governo, o aumento dos impostos e a mudança de funcionários são factores importantes para este risco. As condições meteorológicas não moderadas, as catástrofes naturais, o acesso fácil de todos ao local do projeto, os tipos de poluição e as medidas de segurança são alguns dos factores que constituem este risco. Regras e regulamentos inadequados, disputas entre trabalhadores, alterações nos projectos, ineficiência dos trabalhadores, a pressa no leilão, o atraso na revisão dos planos, a má qualidade do trabalho devido a restrições de tempo, etc., são factores importantes nos riscos relacionados com a construção. O processo de gestão dos riscos não é mais do que uma série de medidas que ajudam a reconhecer e a resolver os riscos, mas sim a "concluir o projeto com êxito". Se este trabalho for feito de forma cuidadosa e correta, a gestão dos riscos de construção não só reduz os acontecimentos adversos no projeto, como também reduz os seus efeitos. Por outras palavras, o processo de gestão do risco consiste em tomar medidas para reduzir e eliminar os riscos de um projeto no futuro. De facto, o trabalho de gestão do risco é exatamente o mesmo. As partes envolvidas no projeto recolhem todas as abordagens relacionadas com o risco no projeto e discutem-nas. Em seguida, expressam os seus pensamentos e ideias para prever os tipos de risco no projeto. Uma pessoa escreve todas estas ideias e, por fim, separa as ideias e os riscos necessários dos desnecessários. A gestão do risco é um novo ramo da ciência da gestão que, apesar da sua pouca idade, está a expandir-se e a crescer rapidamente. Foi acolhida por especialistas e gestores em todos os tipos de tendências e encontrou o seu lugar numa vasta gama de assuntos, tais como investimento, comércio, seguros, segurança, saúde e tratamento, projectos industriais e de construção e até questões políticas, sociais e militares. Assim, pode concluir-se que a gestão do risco ocupa um lugar especial na gestão de projectos e tem caraterísticas comuns com esta, entre as quais a singularidade do projeto, a incerteza dos pressupostos, os objectivos e os requisitos do projeto, etc., podem ser contados entre as caraterísticas comuns. Em geral, os factores ambientais que regem o projeto são as raízes da incerteza e a origem do risco nos projectos. Aspectos como a incerteza nas bases e estimativas iniciais do projeto, a incerteza na conceção e aquisição do projeto e a incerteza nos seus objectivos tornam as condições dos projectos muito arriscadas e tornam inevitável a gestão do risco nos projectos. Ao examinar as condições dos projectos de construção e os custos relacionados com os incidentes de segurança e saúde no trabalho, torna-se claro que os riscos profissionais e a gestão dos riscos de segurança e saúde são uma das missões e responsabilidades mais importantes do sistema de gestão de projectos. Nos projectos de construção, a gestão dos riscos deve ser implementada para garantir a realização dos objectivos do projeto, independentemente da dimensão do mesmo. Em cada fase do ciclo de vida, um projeto está envolvido em vários riscos devido à sua natureza complexa e dinâmica. Por conseguinte, a gestão do risco, independentemente da dimensão do projeto, deve ser enfatizada e implementada nas construções, para garantir a realização dos objectivos do projeto. De acordo com o Project Management Institute, o risco é um evento incerto cuja ocorrência afecta pelo menos um dos objectivos do projeto. A gestão do risco pretende aumentar a probabilidade e o impacto de eventos positivos e reduzir a probabilidade e o impacto de eventos negativos no projeto. Por conseguinte, a implementação de processos de gestão dos riscos melhora o desempenho do projeto, garantindo que os objectivos do projeto são alcançados e procurando oportunidades para aumentar os impactos positivos nesses objectivos. O processo de gestão dos riscos do projeto inclui o planeamento, a identificação dos riscos, a análise quantitativa e qualitativa dos riscos, o planeamento da resposta aos riscos e o controlo dos riscos. A gestão do risco é um novo ramo da ciência da gestão que, apesar da sua pouca idade, está a expandir-se e a crescer rapidamente, tendo sido acolhido por peritos e gestores numa variedade de tendências e num vasto leque de matérias, como o investimento, o comércio, os seguros, a segurança, a saúde e o tratamento, os projectos industriais e de construção e até questões políticas, sociais e militares encontraram o seu lugar. Por conseguinte, pode concluir-se que a gestão do risco ocupa um lugar especial na gestão de projectos e tem caraterísticas comuns com esta, entre as quais a singularidade do projeto, a incerteza dos pressupostos, objectivos e requisitos do projeto, etc., podem ser contados entre as caraterísticas comuns. Em geral, os factores ambientais que regem o projeto são as raízes da incerteza e a origem do risco nos projectos. Aspectos como a incerteza nas bases e estimativas iniciais do projeto, a incerteza na conceção e aquisição do projeto e a incerteza nos seus objectivos tornam as condições dos projectos muito arriscadas e tornam inevitável a gestão do risco nos projectos. Um dos sectores importantes da economia do país, que tem uma elevada capacidade de criar oportunidades de emprego, é o dos projectos de construção. Os projectos de construção fazem parte de um conjunto enorme e estratégico de projectos de construção que, infelizmente, devido à negligência da categoria de segurança, têm assumido uma parte importante dos acidentes de trabalho. Uma das questões mais importantes que pode estar envolvida na criação destes acidentes em projectos de construção é a fraqueza ou falta de uma gestão abrangente e eficiente da avaliação de riscos. A gestão da segurança do projeto pode ser muito importante, especialmente em projectos de construção. Porque a não observância da segurança no local do projeto pode levar a uma perda de tempo ou mesmo ao fracasso do projeto de trabalho. Os gestores de projectos, especialmente no caso dos projectos de construção, identificam os elementos inseguros que existem em cada projeto. Podem evitar a ocorrência de muitos incidentes que levam a atrasos na execução do projeto e à não conclusão do projeto no prazo estabelecido. Depois de identificar os possíveis riscos para a gestão da segurança do projeto, deve ser dada especial atenção ao aspeto da segurança ao planear a execução de qualquer projeto, especialmente os projectos de construção, e fazer planos detalhados sobre o assunto. Por exemplo, contratar um perito em segurança para dar a formação e as recomendações de segurança necessárias e...planear a gestão da segurança do projeto e fazer o trabalho administrativo necessário para o efeito, embora possível, pode parecer um pouco dispendioso e moroso. Mas saiba que vale a pena. Porque se um dos trabalhadores se lesionar durante o trabalho, isso pode implicar mais custos para si. Além disso, o perito em segurança pode aconselhá-lo a utilizar software, como o software de gestão de projectos de construção, para gerir melhor a segurança do projeto durante a execução do mesmo. Nesta fase, ter uma comunicação eficaz pode ser muito útil. Um gestor de projectos de construção deve ter elevadas capacidades de relações públicas e ser capaz de comunicar da melhor forma com a equipa de trabalho. E, durante a execução do projeto, recomendar aos trabalhadores as dicas de segurança necessárias. As novas tecnologias permitiram ao gestor de projectos comunicar melhor com os membros da equipa de projeto a qualquer momento. Mas, antes de mais, o gestor de projectos deve ter fortes relações públicas e elevadas capacidades de comunicação. A existência de tecnologia e software de comunicação também oferece a possibilidade de os trabalhadores evitarem a necessidade de mudar o local onde se encontram em caso de problemas de segurança durante a execução do projeto. Ao enviar documentos que indicam a existência de insegurança no local do projeto, informar o gestor do projeto da existência de problemas de segurança no edifício. que esta participação ativa bidirecional do gestor do projeto e dos membros da equipa de trabalho pode desempenhar um papel muito eficaz na prevenção de riscos possíveis e irreparáveis e aumentar a eficiência e o progresso do projeto. Pode parecer que, na fase final, o projeto já não precisa de prestar atenção às questões de segurança. Mas, após a conclusão de cada projeto, obtém-se muita informação valiosa que pode ser utilizada para a realização de outros projectos. A existência de uma base de dados de incidentes ocorridos em projectos anteriores pode fornecer informações valiosas sobre como lidar com os incidentes em qualquer projeto de construção. Isto pode ser utilizado para reduzir o custo de projectos futuros. Isto pode levar à boa reputação da empresa que executa o projeto e atrair pessoas experientes e especializadas para a equipa de trabalho. e atrair mais clientes e aumentar a qualidade final do projeto. O estudo dos acidentes industriais no mundo mostra que, a cada minuto, ocorrem 2 mortes devido a acidentes de trabalho no mundo. Esta estatística é pelo menos 4 vezes superior à taxa média global, especialmente nos países em desenvolvimento. É particularmente importante investigar os factores e identificar os pontos propensos a acidentes e perigosos na indústria da construção, a fim de prevenir a ocorrência de acidentes. Entre os riscos mais importantes para a saúde contam-se os danos na visão causados pela soldadura, os danos auditivos causados pelos ruídos nas oficinas de construção e os danos na pele e nas vias respiratórias resultantes do trabalho com produtos químicos e carcinogéneos, bem como os riscos de segurança mais importantes, os defeitos nos órgãos e as lesões físicas causadas por quedas de altura e queda de objectos sobre as pessoas durante o trabalho. Por último, foram apresentadas medidas corretivas e sugestões para reduzir, eliminar ou minimizar os riscos, entre as quais se pode mencionar a utilização de equipamento de proteção individual. Em geral, podem ocorrer muitos incidentes e crises nos projectos de construção. A gestão do risco é um processo utilizado para lidar com acontecimentos inesperados, que causam uma crise no projeto. Sendo uma opção segura, económica e duradoura para a construção, o telhado de vigas de cromite pode contribuir significativamente para a gestão dos riscos. Ajuda no processo de construção. Se tem curiosidade em saber como gerir o risco com vigas de cromite, junte-se a nós neste blogue Ahan Bazar para analisar a gestão do risco em projectos de construção com vigas de cromite. A gestão de riscos é uma das partes mais importantes de qualquer projeto que, para reduzir os riscos, aumenta a segurança e a estabilidade das actividades. Um dos métodos eficazes de gestão de riscos no processo de construção é a utilização de vigas de cromite. A utilização de um telhado de vigas de cromite pode ser um destes métodos de gestão de riscos que é utilizado para controlar e gerir vários riscos e ameaças. Com caraterísticas mecânicas, químicas e físicas especiais, as vigas de cromite são superiores a outros materiais utilizados na construção de coberturas, e a sua utilização reduz vários aspectos dos riscos nos projectos. A gestão de riscos com vigas de cromite pode ser ampla e eficaz em todos os aspectos. Ao utilizar o telhado de vigas de cromite, é possível identificar e avaliar com precisão os riscos e ameaças associados aos projectos de construção. Isto ajuda os gestores de construção e os engenheiros a tomar as medidas adequadas para controlar e reduzir esses riscos, o que, em última análise, conduz a uma maior segurança e a uma redução dos riscos nos projectos de construção. A redução dos riscos e dos acidentes melhora o desempenho financeiro do projeto de construção e reduz os custos adicionais decorrentes de danos e reparações. Esta tendência positiva no desempenho financeiro ajuda os gestores e os investidores a terem projectos de construção mais rentáveis. Uma das funções da gestão de riscos com vigas de cromite é acelerar o processo de construção; esta questão conduzirá a uma maior eficiência, reduzindo o tempo de conclusão do projeto, poupando custos e aumentando a produtividade no processo de construção. A utilização da cobertura de vigas de cromite fará com que os projectos cumpram as normas relacionadas com os regulamentos de saúde e segurança na construção. Ao implementar medidas de controlo, os gestores e engenheiros podem enfrentar os riscos de forma mais eficaz e melhorar o processo de construção. Isto reduz os riscos legais e as coimas associadas à violação das normas. O teto de vigas de cromite pode aumentar a resistência e a estabilidade do edifício devido às suas propriedades mecânicas e estruturais adequadas. Devido à sua elevada dureza e resistência, as estruturas de vigas de cromite podem absorver bem as forças sísmicas e proteger o edifício dos riscos sísmicos. Um dos principais aspectos da gestão de riscos com vigas de cromite em projectos de construção é a proteção contra incêndios. A utilização de telhados de vigas de cromite, que têm uma elevada resistência ao calor, ajuda muito a reduzir os riscos de incêndio. Para compreender melhor o método de gestão de riscos, nesta secção, discutiremos as etapas da gestão de riscos com vigas de cromite em projectos de construção. Seguindo estes passos e implementando a gestão de riscos de uma forma regular e precisa, é possível utilizar o telhado de vigas de cromite em projectos de construção da melhor forma possível e minimizar os riscos. Nesta fase, em primeiro lugar, todos os riscos relacionados com a utilização do telhado de vigas de cromite identificam o projeto. Estes riscos podem incluir factores relacionados com a conceção, a execução, a instalação e a utilização da cobertura com vigas de cromite. Na segunda etapa, os riscos identificados devem ser analisados e avaliados para determinar a sua importância e probabilidade de ocorrência; esta informação é utilizada como base para as decisões subsequentes na gestão do risco. Com base na avaliação dos riscos, devem ser determinadas estratégias adequadas de gestão dos riscos para os reduzir ou eliminar. Estas soluções podem ser implementadas através da utilização de novas tecnologias, do aumento da formação e da sensibilização dos trabalhadores, da utilização de materiais de elevada qualidade, entre outros. Depois de determinar as soluções de gestão dos riscos, estas soluções devem ser implementadas no projeto. Isto inclui a aplicação de alterações na conceção, implementação e instalação do teto de vigas de cromite, a formação adequada dos trabalhadores e o controlo e monitorização contínuos dos processos. Na última fase, deve ser efectuado um processo contínuo de monitorização e revisão para avaliar a eficácia destas soluções e, se necessário, efetuar alterações e melhorias. É necessário ser considerado e aplicado na agenda. De acordo com as várias vantagens referidas, a utilização de vigas de cromite em projectos de construção pode ser considerada uma estratégia eficaz para a gestão do risco e para a melhoria da segurança, da eficiência e da qualidade da construção. Ahan Bazar Company, Existe um grupo de especialistas da indústria siderúrgica que fornece e compra produtos siderúrgicos no Irão com a sua experiência e capacidades. Esta empresa, que dispõe de instalações como um armazém coberto com uma área de 10 000 metros quadrados e fornece certificados de qualidade, procura sempre proporcionar um ambiente seguro aos clientes e às indústrias transformadoras. A identificação dos riscos determina quais os eventos que podem acontecer e que têm um efeito negativo nos resultados do projeto. Na verdade, a identificação dos riscos chega à conclusão respondendo à pergunta: "O que pode acontecer que impeça o sucesso dos elementos-chave do projeto". A avaliação dos riscos é o processo geral de análise e medição dos riscos, e o seu objetivo é chegar a uma prioridade acordada. Esta foi identificada a partir dos riscos. As prioridades de risco acordadas são utilizadas para determinar o foco dos esforços em resposta aos riscos. De facto, a análise de risco é a utilização sistemática das informações disponíveis para determinar a probabilidade de ocorrência e a gravidade do efeito da ocorrência de eventos, a fim de determinar a criticidade do risco, e a avaliação do risco é o processo de comparação do risco estimado com critérios de risco conhecidos para determinar a importância e a prioridade do risco. Resposta ao risco, escolha O método e a estratégia adequados são a eliminação ou a redução da probabilidade de ocorrência do risco ou a redução das consequências do risco, caso este ocorra. Nesta fase, o registo do risco é continuamente revisto e é preparada uma lista de novos riscos e medidas para lidar com o risco. Na construção, embora seja evidente que é muito difícil lidar com as incertezas nas fases iniciais do projeto, a avaliação do risco, a estimativa dos custos e a gestão dos custos devem ser feitas nas primeiras fases do ciclo de vida do projeto. Devido à existência de incertezas, os custos do projeto aumentam sempre desde o momento da proposta e do planeamento do projeto até à conclusão da sua execução, em comparação com o custo previsto. Uma vez que estas incertezas são maiores nas fases iniciais do projeto, o custo estimado está mais longe do custo real. Embora seja ótimo ter confiança de que o projeto será bem sucedido, também é essencial ter um plano para o caso de algo correr mal. Mesmo os projectos mais promissores podem enfrentar sérias dificuldades. Mesmo os projectos mais promissores podem enfrentar sérios obstáculos, pelo que um bom gestor executivo deve estar preparado para lidar com todos os casos e utilizar métodos de gestão dos riscos do projeto. O risco é uma situação potencial que, se ocorrer, pode ter um impacto negativo no sucesso do projeto. Na gestão do risco do projeto, existem quatro métodos básicos para contrariar o risco, cada um dos quais é diferente de acordo com as instalações do projeto e o nível de risco que o risco cria para o projeto. A gestão do risco do projeto significa que, no início do planeamento de um novo projeto, os riscos do projeto devem ser definidos com a maior precisão possível. Desta forma, se as coisas correrem mal, estará bem preparado para lidar com os problemas. O ideal é começar um novo projeto com uma lista de potenciais riscos e um plano detalhado sobre como lidar com cada risco, caso este se concretize. Com base nos valores da avaliação dos riscos, será possível dar prioridade aos riscos com maior probabilidade e impacto na estratégia de gestão dos riscos. Além disso, a lista de riscos deve ser actualizada à medida que o projeto se desenvolve, uma vez que novos desenvolvimentos podem introduzir novos riscos. No caso dos riscos que têm uma probabilidade e um impacto elevados no projeto, ou seja, a pontuação da probabilidade de ocorrência e do seu impacto está próxima de 10, é preferível modificar a estratégia do projeto para evitar a ocorrência desses riscos. Se o projeto tiver vários parceiros, a transferência de alguns riscos é possível para outras partes. Se escolher esta opção, certifique-se de que a transferência do risco está devidamente documentada no contrato assinado com o outro parceiro. A mitigação do risco significa que existe um plano para reduzir o impacto de um determinado risco, caso este ocorra. Por outras palavras, o problema causado pelo risco será menor devido à redução do risco. Um bom exemplo de utilização de uma estratégia de redução do risco é o problema da "procura elevada". Por exemplo, é um produtor de um determinado produto, cuja procura será muito elevada na última semana do ano. O objetivo é planear a possibilidade de não ter capacidade suficiente ou equipamento suficiente para lidar com a "procura muito elevada". Neste caso, precisa de ter uma estratégia de mitigação de riscos que lhe permita aumentar rapidamente a sua capacidade ou trabalhar com outras partes para satisfazer a elevada procura. Por exemplo, assegurar encomendas adicionais de empresas parceiras. Se trabalhar com outros parceiros, outro risco que precisa de planear é o de as partes não cumprirem as suas promessas. Neste caso, a estratégia de mitigação do risco incluirá a opção de mudar de parceiro. Como o nome sugere, a aceitação do risco significa que não se está a tentar evitar ou reduzir um risco, mas sim a continuar a trabalhar com as possíveis consequências do risco. A competência mais importante na gestão do risco é coordenar uma avaliação exacta do risco com uma estratégia de gestão do risco adequada. Por outras palavras, é necessário determinar quais os riscos que ainda podem ser trabalhados (caso em que a aceitação é provavelmente uma boa opção) e quais os riscos que põem seriamente em causa o projeto (caso em que é necessário um plano eficaz para lidar com eles). Ter consequências). Se quiser estar a salvo das consequências dos riscos mais recentes, caso estes sejam previstos e ocorram, pode definir vários planos de resposta aos riscos. Um exemplo de gestão de riscos múltiplos com este método é a possibilidade de perder informações importantes devido a ataques cibernéticos. Normalmente, todas as empresas dispõem de software de proteção contra estes ataques (prevenção), de um serviço de cópia de segurança externa (transição) e de uma estratégia para limpar todo o sistema e restaurar os dados a partir de uma cópia de segurança se o ataque for bem sucedido (mitigação). Os riscos técnicos são talvez os mais comuns. Existem riscos que os gestores de obra enfrentam e que acabam por comprometer a qualidade do produto final, conduzindo a retrabalhos dispendiosos, prazos não cumpridos e até a litígios com os clientes. Os projectos de construção, grandes e pequenos, dependem em grande medida de um fluxo constante de fundos. Qualquer perturbação financeira pode ter consequências graves, como atrasos e interrupções debilitantes do programa. Os riscos ambientais incluem condições meteorológicas imprevisíveis, catástrofes naturais e efeitos sazonais, que podem levar a atrasos e potenciais perdas nos projectos. Os riscos associados à gestão podem conduzir a perdas catastróficas, tanto financeiras como de crédito. O risco de gestão mais comum está relacionado com a produtividade incerta dos recursos. Ao investigar e identificar os riscos nos projectos de construção, deve saber que os riscos organizacionais são riscos que existem ao nível da organização e que provocam o enfraquecimento dos alicerces da empresa e afectam a reputação da marca. Os riscos de saúde e segurança aumentam a possibilidade de possíveis ferimentos nos trabalhadores e reduzem o seu moral. Além disso, os incidentes graves podem atrasar ou mesmo interromper projectos. A empresa pode sofrer um grande golpe financeiro, pois tem de pagar indemnizações aos trabalhadores feridos ou enfrentar processos judiciais. Uma das preocupações que os gestores de projectos enfrentam frequentemente são os riscos de segurança que aumentam a probabilidade de danos em bens, equipamentos e pessoas no local. O risco é considerado um elemento essencial no planeamento e na execução de um projeto de construção. Vários métodos e ferramentas analíticas estão a ser procurados e desenvolvidos sucessivamente para fornecer uma avaliação abrangente e exaustiva do risco. Na identificação do risco em projectos de construção, existe frequentemente uma razão comercial para a realização de um projeto de construção específico. O âmbito da identificação dos factores de risco depende do tipo de projeto de construção. Nem todos os factores são importantes num determinado projeto de construção; por conseguinte, a primeira fase da avaliação de um projeto de construção deve consistir em estudos de documentação para identificar os principais factores de risco. O passo seguinte consiste em avaliar os factores em termos da sua quantificação (possibilidade de avaliação quantitativa dos factores). A última fase é a avaliação adequada dos riscos e a hierarquia dos tipos de um projeto de construção planeado. A gestão do risco começa com a categorização de todos os diferentes riscos de um projeto e com a determinação do tratamento mais eficaz desses riscos ao longo do projeto. A identificação dos riscos determina os eventos que podem afetar os objectivos do projeto e a forma como esses eventos podem ocorrer. Trata-se de um processo iterativo, uma vez que só podem ser identificados novos riscos à medida que o projeto avança no seu ciclo de vida. Na identificação dos riscos em projectos de construção, o plano de gestão dos riscos é normalmente aplicado por uma pessoa, muitas vezes o gestor dos riscos do projeto, juntamente com o gestor do projeto ou outros cargos de alto nível. Existem muitos aspectos de potenciais perigos e perdas durante os projectos de construção, bem como uma mistura diversificada de interações que os podem afetar. Estas relações complexas incluem riscos diretos, indirectos, manifestos, implícitos ou imprevisíveis. Controlar a qualidade, o tempo e o custo são os três objectivos principais da gestão de projectos. A gestão dos riscos e das perdas na construção é um elemento-chave da gestão dos riscos na construção. O desempenho em relação ao calendário do projeto está estreita e inextricavelmente ligado ao custo-alvo planeado. A gestão do risco é uma das nove áreas de conhecimento publicadas pelo Project Management Institute. Além disso, a gestão do risco no domínio da gestão do projeto de construção é um método abrangente e sistemático para identificar, analisar e responder aos riscos, a fim de alcançar os objectivos do projeto. Entre as vantagens do processo de gestão do risco na identificação dos riscos em projectos de construção, podemos mencionar a identificação e a análise dos riscos e a melhoria dos processos de gestão dos projectos de construção e a utilização eficaz dos recursos. Os projectos de construção podem ser muito complexos e cheios de incerteza. O risco e a incerteza podem ter consequências potencialmente devastadoras para os projectos de construção. Por conseguinte, atualmente, a análise e a gestão do risco continuam a ser uma das principais caraterísticas da gestão dos projectos de construção, num esforço para lidar eficazmente com as incertezas e os acontecimentos inesperados e alcançar o êxito do projeto. Os projectos de construção são sempre únicos e os riscos provêm de muitas fontes diferentes. Os projectos de construção são intrinsecamente complexos e dinâmicos e envolvem múltiplos processos de feedback. Muitos participantes, indivíduos e organizações estão ativamente envolvidos no projeto de construção e os seus interesses podem ser afectados positiva ou negativamente pela execução ou conclusão do projeto. Diferentes participantes, com diferentes experiências e competências, têm normalmente expectativas e interesses diferentes. Isto cria naturalmente problemas e confusão mesmo para os gestores de projectos e empreiteiros mais experientes. Embora seja ótimo ter confiança de que o projeto será bem sucedido, também é essencial ter um plano para o caso de algo correr mal. Mesmo os projectos mais promissores podem enfrentar sérios obstáculos, pelo que um bom gestor executivo deve estar preparado para lidar com todos os casos e utilizar métodos de gestão dos riscos do projeto. O risco é uma situação potencial que, se ocorrer, pode ter um impacto negativo no sucesso do projeto. Na gestão do risco do projeto, existem quatro métodos básicos para contramedidas do risco, cada um dos quais é diferente de acordo com as instalações do projeto e o nível de risco que o risco cria para o projeto. Neste artigo, gostaríamos de nos familiarizar com os tipos de gestão do risco de acordo com as condições, bem como dicas sobre como implementar cada um deles com sucesso, e também examinar exemplos relacionados com cada um destes métodos. A gestão dos riscos do projeto significa que, no início do planeamento de um novo projeto, os riscos do projeto devem ser definidos com a maior precisão possível. Desta forma, se as coisas correrem mal, estará bem preparado para lidar com os problemas. O ideal é começar um novo projeto com uma lista de potenciais riscos e um plano detalhado sobre como lidar com cada risco, caso este se concretize. Com base nos valores da avaliação dos riscos, será possível dar prioridade aos riscos com maior probabilidade e impacto na estratégia de gestão dos riscos. Além disso, a lista de riscos deve ser actualizada à medida que o projeto se desenvolve, pois novos desenvolvimentos podem introduzir novos riscos. A gestão do risco é um novo ramo da ciência da gestão que encontrou o seu lugar num vasto leque de tendências, incluindo finanças e investimento, comércio, seguros, segurança, saúde e tratamento, projectos industriais e de construção e até mesmo questões políticas, sociais e militares. é A gestão do risco é uma tentativa de gerir as mudanças no projeto de uma forma estruturada e geri-las num ambiente em mudança. O objetivo da gestão do risco é atuar como agente de mudança e fornecer à equipa de gestão um método controlado e gerível para este problema. A gestão do risco é utilizada em vários sectores. Desde os assuntos financeiros e de crédito a outras actividades comerciais, é possível observar vestígios de gestão de riscos. Com o crescente desenvolvimento e implementação de planos e projectos de construção civil no país, infelizmente, assistimos a que as estatísticas de acidentes, sinistralidade, saúde e segurança no trabalho neste sector não se encontram em condições adequadas e favoráveis, ao mesmo tempo que se verifica uma tendência crescente e preocupante ao longo dos anos. Esta última é a seguinte. Hoje, enquanto em muitas indústrias, fábricas, e mesmo em projectos e planos de construção como a construção de barragens, a questão da segurança, saúde e ambiente é seguida como uma categoria estruturada e é utilizada com o objetivo de gestão preventiva de acidentes com planeamento detalhado. Verificamos que nos estaleiros de construção, a categoria segurança é encarada de forma básica e apenas com base numa gestão corretiva e passiva. Nesta investigação, foi analisada a importância da criação de uma gestão da segurança, da saúde e do ambiente nos estaleiros de construção, contrariamente à crença comum de que a segurança, a saúde e o ambiente são um obstáculo. Contra a velocidade e fluência do trabalho, do ponto de vista económico e de produtividade, mostra que a segurança é principalmente uma ajuda para os gestores na organização do trabalho com maior eficiência e prevenir a ocorrência de acidentes e doenças causadas pelo trabalho e problemas ambientais e aumentar a produtividade, tendo em conta a saúde e segurança dos trabalhadores, requer o estabelecimento e uso do sistema de gestão de saúde, segurança e meio ambiente e sua institucionalização nas oficinas. A saúde e a segurança são mencionadas em conjunto desde 1885 e, sempre que se fala de segurança, fala-se também de saúde e ambiente. As questões de segurança foram levantadas após a revolução industrial, devido ao aumento da taxa de mortalidade dos trabalhadores. As questões ambientais também surgiram após a revolução industrial e foram levantadas de forma aguda. Além disso, devido às condições e à severidade do trabalho nas minas de carvão e ao aumento das doenças relacionadas com o trabalho entre os trabalhadores, a questão da saúde também foi levantada e, na etapa seguinte, foi descoberta a ligação entre a doença e a ocorrência de acidentes. tem um acidente Também aumenta com o aumento das doenças e estas estão, de certa forma, ligadas umas às outras. Parte dos incidentes ocorridos nas oficinas deve-se à não observância das questões de segurança por parte dos trabalhadores, e a outra parte está relacionada com a falta de acompanhamento e cuidado por parte dos executores. Em muitos casos, estes incidentes levaram à morte, à amputação e ao desemprego. Por um lado, esta questão tem provocado o encerramento de oficinas e muitos prejuízos financeiros para os empreiteiros e, por outro, tem causado problemas familiares e de subsistência aos trabalhadores. Pode mesmo dizer-se que, com a morte ou a incapacidade de uma pessoa, a família dessa pessoa é também afetada e talvez o percurso de vida dos seus filhos também mude. Mas hoje, com uma maior consciencialização, as pessoas não só não consideram esta questão um desperdício, como também a consideram uma forma de poupar dinheiro e de organizar o trabalho e a oficina. A definição de segurança é o grau de estar longe do perigo, a palavra (Perigo) que se encontra na definição científica de segurança, é de facto uma condição que tem o potencial de danificar empregados, equipamento e edifícios, destruir materiais ou reduzir a eficiência na execução de uma tarefa pré-determinada. Quando existe (Perigo), haverá a possibilidade de ocorrência dos efeitos negativos mencionados. A palavra (Perigo) indica a exposição a um (Perigo), desta forma, a segurança tem sido o oposto de (Perigo). E tem como objetivo eliminar os riscos reais no ambiente de trabalho. Não existe segurança absoluta e esta nunca será alcançada, por isso se diz que a segurança é uma proteção relativa contra os riscos. Componentes da gestão da segurança em projectos de construção Os projectos de construção comportam muitos riscos. O principal objetivo da segurança e saúde é criar um ambiente de trabalho mais seguro através de uma gestão optimizada da segurança e saúde. Qualquer pessoa que esteja envolvida num projeto de construção, seja a que título for, é responsável pela segurança e saúde. Embora a entidade patronal tenha a responsabilidade básica, muitas pessoas podem desempenhar um papel essencial no processo de segurança e saúde em qualquer altura, e as pessoas importantes e fundamentais no projeto são responsáveis por satisfazer as necessidades. são responsáveis pela saúde e segurança no local de trabalho. Os gestores têm de tomar todas as medidas aplicáveis para garantir a segurança e a saúde das pessoas com quem são contratados para trabalhar no projeto. As medidas necessárias dependem da dimensão e do âmbito de cada projeto. Quanto maior for o projeto, mais vasto será o seu âmbito. Haverá mais perigos e riscos possíveis. A gestão do risco na indústria da construção é uma das partes mais importantes da gestão e do planeamento de qualquer projeto. Na gestão do risco, são examinados todos os tipos de riscos associados aos projectos de construção, incluindo o risco financeiro, o risco ambiental e os riscos económico-sociais. Não é segredo que o sector da construção está sujeito a flutuações. Factores externos (tais como técnicos, de conceção, logísticos, físicos, operacionais, ambientais, político-sociais, imprevistos, etc.) afectam facilmente esta indústria. Estes factores não só provocam desvios no projeto, como também podem ter efeitos irreparáveis. Por conseguinte, a gestão do risco tornou-se uma ferramenta importante para lidar com vários riscos, analisá-los e tomar medidas corretivas para os neutralizar num projeto específico. Os principais riscos que o gestor de projeto enfrenta na gestão de projectos de construção são: financeiro, político-social, ambiental e questões relacionadas com a construção. Flutuação da taxa de câmbio, custo dos materiais, procura do mercado, estimativas inadequadas, inflação, atraso no pagamento, falta de gestão do fluxo de caixa e falta de competência financeira do empreiteiro; todos eles são considerados uma grande ameaça para o projeto. A alteração das leis e regulamentos governamentais, o suborno e o suborno, o não pagamento pelo governo, o aumento de impostos e a mudança na forma do governo são riscos que estão incluídos nesta categoria. Condições climatéricas extremas, catástrofes naturais, acesso ao local, poluição e regulamentos de segurança são riscos incluídos nesta categoria. Problemas de logística, conflitos laborais, alterações de conceção, produtividade do trabalho, aceleração do processo de concurso, atrasos devidos a reexames. A má qualidade dos planos e do trabalho devido a restrições de tempo são todos incluídos nesta categoria. O processo de gestão do risco não é mais do que um conjunto de passos para identificar e mitigar os riscos para o sucesso de um projeto. Se este trabalho for feito corretamente, não só a probabilidade de ocorrência dos riscos será reduzida, como também o seu impacto. Por outras palavras, a gestão do risco é uma medida preventiva para evitar e minimizar qualquer tipo de risco no projeto. Todas as pessoas envolvidas no projeto reúnem-se, discutem todos os aspectos do projeto de forma abrangente e expressam as suas opiniões e ideias relativamente à previsão dos riscos. Há uma pessoa como facilitador que anota todos esses itens e distingue entre itens necessários e desnecessários. Neste método, é utilizada uma série de questionários sequenciais em duas ou mais rondas. Na primeira ronda, os participantes determinam as principais ideias e tópicos. As ideias levantadas na primeira ronda são combinadas para conceber um questionário para as rondas seguintes. Na fase de avaliação (a partir da terceira ronda), as respostas são fornecidas aos membros e é-lhes pedido que avaliem as suas respostas iniciais. O fim destas etapas é determinado de acordo com um critério de paragem pré-determinado. O método Delphi procura criar um acordo e um consenso entre os participantes relativamente aos itens mencionados nos questionários. São consultadas pessoas com experiência para evitar factores que afectam o risco através das suas opiniões e recomendações. Com base na experiência adquirida em projectos anteriores, podem ser identificados os factores que afectam o projeto. Antes de iniciar o projeto, é elaborada uma lista de todos os riscos possíveis que ameaçam o êxito do projeto, que pode ser útil para a sua gestão. Esta lista é preparada de acordo com projectos anteriores semelhantes. Depois de identificar os possíveis riscos, a sua análise é efectuada com base em métodos quantitativos e qualitativos. Na avaliação do risco, a informação disponível é utilizada para determinar a probabilidade de ocorrência e o nível das suas consequências na gestão do risco. Estes métodos são normalmente utilizados para projectos de pequena e média dimensão. Estes métodos incluem a listagem, a recolha e a integração dos riscos e a sua hierarquização com base nas opiniões das pessoas envolvidas. Os riscos são também divididos em três categorias, alto, médio e baixo, com base nas opiniões recolhidas e no intervalo de tolerância ao risco na organização. Os métodos qualitativos são utilizados quando não estão disponíveis dados suficientes ou quando o projeto tem um limite de tempo. Os métodos quantitativos são utilizados para analisar o efeito dos riscos em grandes projectos. Alguns métodos de avaliação quantitativa são: análise da árvore de decisão, valor monetário esperado, avaliação de peritos, análise da árvore de falhas, lógica difusa, distribuição de probabilidades, análise de sensibilidade, estimativa de Monte Carlo. Após a identificação e a avaliação dos riscos, são determinadas as opções disponíveis para evitar a ocorrência de riscos. Para além da escolha de medidas corretivas para os riscos que afectam o projeto, podem também surgir oportunidades positivas a partir desses riscos. Responder ao risco significa prevenir o risco, transferir o risco, reduzir o risco e aceitar o risco, o que depende da sua natureza. Uma das coisas que estão associadas ao risco é a sua prevenção. Embora nem sempre seja possível, esta é a forma mais fácil de lidar com o risco. Por outras palavras, controlar a parte do projeto que pode estar exposta a novos riscos e ameaçar todo o projeto é a própria prevenção do risco. Existem diferentes formas de transferir o risco do projeto: comprar um seguro, utilizar um contrato com um preço fixo em vez de um contrato com um preço único e eliminar completamente as palavras "garantia" e "caução". Todos os projectos podem estar expostos a riscos. O gestor do projeto deve estar ciente das consequências da ocorrência do risco, de acordo com os factores de tempo e custo. É essencial examinar cuidadosamente o processo de identificação, avaliação e resposta aos riscos; a monitorização e o controlo dos riscos são essenciais. Este acompanhamento e controlo devem ser contínuos durante toda a vida do projeto. Os projectos de abastecimento de água revestem-se de especial importância devido ao volume relativamente elevado de recursos envolvidos e relacionados com o projeto, sobretudo porque têm a sua própria importância e complexidade. O processo de gestão do risco é um termo que exprime um processo abrangente para atingir os objectivos do projeto. Este processo determina procedimentos e medidas para identificar, analisar e responder aos riscos do projeto, de modo a maximizar os acontecimentos positivos e minimizar as consequências dos acontecimentos adversos. Deve-se ter em mente que cada projeto terá resultados diferentes que são específicos para o projeto, de acordo com as suas caraterísticas e o fator que analisa o risco, e de facto, um processo de gestão de risco pode ser implementado para cada projeto. Atualmente, com o rápido desenvolvimento da construção no país, os problemas de segurança nos estaleiros de construção tornaram-se um problema grave. Por conseguinte, é sabido que prestar atenção à segurança e identificar os indicadores que a afectam e avaliar a segurança nos projectos é essencial para melhorar o desempenho da segurança dos projectos de construção. A gestão do risco é o processo de identificação e análise dos riscos no local de trabalho, de modo a reduzir os seus efeitos nocivos. O processo de gestão do risco na construção inclui o planeamento, a monitorização e o controlo dos eventos de risco. O plano de gestão de riscos na construção é um documento que explica os riscos e as estratégias para lidar com eles e está no centro do processo. Por outro lado, muitos riscos devem ser considerados antes, depois e durante o processo de construção. O software de gestão de projectos, como o gestor de projectos, ao criar uma estratégia de gestão de riscos utilizando um diagrama de Gantt de alto desempenho e utilizando dados próximos da realidade, gerem Facilitaram significativamente o risco de construção. Nas fases iniciais da gestão da construção, o plano de gestão do risco está pronto. Este plano explica os possíveis riscos do projeto e a forma de os gerir; além disso, é necessário nomear um membro experiente da equipa responsável pela resolução dos problemas. Os projectos de construção são muito complexos e podem expô-lo a uma série de riscos internos e externos. Para eliminar eficazmente estes riscos, é necessário ter em conta um conjunto de regras, regulamentos e instruções durante a construção. Por conseguinte, não existe uma solução para eliminar completamente os riscos, uma vez que existem sempre elementos incertos durante a construção de um projeto. A identificação dos diferentes tipos de riscos e o seu controlo é a melhor forma de os gerir. Este risco deve-se a uma seleção incorrecta dos membros da equipa, a uma documentação incompleta durante o projeto, a um controlo de qualidade deficiente, a decisões incorrectas na altura marcada e à falta de atenção aos pormenores do feedback nas reuniões abertas de gestão. Prazos irrealistas, termos contratuais contraditórios, atrasos na obtenção da propriedade da terra, falta de pagamento atempado de taxas, diferenças de opinião e coberturas, as condições imprevisíveis do local do projeto estão todos envolvidos na emergência deste modelo de risco. A falta de material de oficina, a falta de acesso aos materiais em termos de qualidade e de quantidade, a negligência dos pontos de segurança como o uso de chapéus, luvas e sapatos especiais, as condições climatéricas desfavoráveis como o frio e o calor extremos e as chuvas fortes, as condições de trabalho perigosas, os resíduos, os roubos, os incêndios, etc., podem conduzir a danos físicos irreparáveis. O transporte adequado, a reparação de máquinas e, se necessário, a substituição das suas peças e o reabastecimento de combustível são pontos que devem ser devidamente analisados antes de iniciar o projeto, porque a falta de atenção a estes pontos causará atrasos desnecessários e danos graves ao projeto. Lentidão. Quando as pessoas não estão familiarizadas com as condições ambientais com que estão a lidar, muitas vezes ignoram os riscos ambientais. Quando se trabalha num projeto num local novo e desconhecido, é necessário atualizar os conhecimentos sobre as condições meteorológicas dessa zona. A preparação para lidar com possíveis riscos climáticos evitará, em grande medida, possíveis atrasos e perdas. Este risco inclui o problema do financiamento, a inflação, o risco de investimento, as diferenças nas taxas de câmbio, as alterações no montante dos impostos sobre o projeto e... Qualquer atraso no projeto pode levar a um aumento do risco financeiro. Por vezes, os atrasos dão origem a litígios e multas. É de notar que a ocorrência de atrasos nos projectos governamentais devido à burocracia nos processos governamentais é uma coisa normal. Alterações nas políticas de gestão, leis, restrições à importação e exportação, leis relacionadas com a segurança e a poluição e pedidos de emissão de licenças em caso de aplicação de qualquer alteração são factores que devem ser considerados na avaliação do risco jurídico do projeto. Os riscos técnicos são importantes porque qualquer negligência em relação a eles pode impedir que os empregadores alcancem os resultados desejados. Estes riscos manifestam-se em caso de avaliação insuficiente do local do projeto, de erros na conceção arquitetónica ou estrutural e de falta de garantia de disponibilidade de materiais suficientes. Um gestor de projeto ou um supervisor de oficina que não tenha conhecimentos suficientes no domínio das questões técnicas, dos contratos e das condições do projeto ignora facilmente os possíveis riscos. Uma compreensão correta dos tipos de risco facilita a gestão do risco de construção e a obtenção da solução adequada para o enfrentar. Quando se adquirem conhecimentos suficientes no domínio da gestão dos riscos do projeto, é necessário determinar quais os riscos mais prováveis de ocorrer no projeto. A avaliação dos riscos deve ser feita antes do início do projeto, para que haja tempo suficiente para lidar com eventuais danos antes de estes ocorrerem. A realização de reuniões de planeamento com os membros do projeto e as partes interessadas para descobrir todas as situações possíveis que afectam o projeto existente é um método eficaz para identificar os riscos. Nas reuniões de planeamento, todos os membros do grupo podem partilhar as suas experiências e utilizar projectos anteriores como referências para determinar a dimensão, a escala e os locais. Quando todos os riscos possíveis são identificados, utilizando métodos qualitativos e quantitativos, são avaliados. A técnica de avaliação de riscos mede a gravidade dos eventos com a utilização dos dados disponíveis, juntamente com diferentes níveis de efeitos subsequentes na gestão de riscos. Este método é utilizado para projectos de média e pequena dimensão e inclui a listagem dos riscos e a sua priorização com base em pontos de vista. Pessoas com experiência. Os riscos são classificados em três categorias: baixo, médio e alto, e sempre que não se dispõe de informação suficiente ou o tempo é limitado, utiliza-se um método qualitativo para a avaliação dos riscos. Este método é utilizado para grandes projectos e nele os efeitos dos riscos são analisados através da análise de dados e números. O valor monetário previsto, a utilização da opinião de peritos, a análise através da árvore de decisão e da árvore de erros, a distribuição de probabilidades, a lógica difusa, a análise de sensibilidade, os cálculos de Monte Carlo e outras abordagens de avaliação quantitativa são alguns dos exemplos deste método. A partir da identificação e avaliação do risco, são examinadas as opções possíveis para reduzir os riscos existentes. A resposta ao risco divide-se em evitar o risco, transferir o risco, reduzir o risco e aceitar o risco. Se não for possível gerir os grandes riscos, a opção mais segura é alterar o âmbito do projeto; por exemplo, pode ser necessário evitar a execução do projeto em zonas altamente sísmicas. Normalmente, a transferência do risco implica o pagamento de um prémio de seguro de risco a um terceiro, como uma companhia de seguros ou um fiador, que aceita as consequências. Esta fase envolve a minimização dos efeitos de um risco adverso e a sua limitação a um nível controlável. Tomar medidas rápidas é muito mais eficaz do que tentar resolver as consequências a posteriori. . A utilização de soluções mais simples e a realização de testes sísmicos e de engenharia fazem parte da abordagem de redução do risco. Por vezes, é necessário aceitar a ocorrência de riscos para atingir os seus objectivos. Por exemplo, pode aceitar os atrasos causados por condições meteorológicas adversas, mas pense num plano para fazer avançar o projeto. Ao efetuar uma avaliação do risco, deve criar um plano de gestão do risco. Este programa simplifica a abordagem de resposta ao risco, reunindo informações críticas para os membros da equipa e aplicando uma série de opções para transferir, minimizar e aceitar o risco. A estratégia inclui a gestão do risco a diferentes níveis de trabalho, a utilização optimizada das provisões relacionadas com a compensação nos seguros e a utilização do risco para melhorar a margem de rendimento. Esta fase inclui a garantia de que o fluxo de receitas é coberto por seguros e a não participação em projectos de construção com um risco muito elevado. Esta fase inclui o processo de análise do risco, a preparação de planos de segurança e os documentos relevantes são mencionados em pormenor. A gestão dos riscos não é uma atividade individual e unidimensional e exige a participação de todos os principais membros do grupo. É imperativo atualizar a informação sobre os riscos e ter em conta os membros da equipa a todos os níveis de trabalho. Para cada risco, é necessário considerar contingências e técnicas alternativas para concluir o projeto. A gestão do risco de construção não é uma tarefa trivial, que só pode ser feita uma vez e depois esquecida. A monitorização contínua, juntamente com a revisão da estratégia de execução da obra, permite que a sua empresa tenha a capacidade de enfrentar qualquer tipo de risco. Sendo um documento dinâmico, a sua estratégia deve adaptar-se às mudanças ao longo do tempo. Mesmo que todos os aspectos tenham sido calculados e verificados, é necessário reavaliar os riscos remanescentes devido à presença de variáveis desconhecidas. A indústria da construção é conhecida por ser uma das indústrias mais perigosas em termos de fatalidades relacionadas com o trabalho, taxas de lesões e indemnizações aos trabalhadores. Os acidentes nesta indústria são causados pela ineficácia dos métodos convencionais de avaliação de riscos, bem como pela implementação de actividades sem ter em conta as normas de segurança, que têm um grande impacto na saúde e segurança dos trabalhadores. Por conseguinte, a identificação e avaliação dos perigos e riscos é uma etapa necessária nesta indústria, e a análise de segurança é uma medida eficaz e ativa para identificar, avaliar e controlar os riscos nos métodos industriais. A gestão de riscos na indústria da arquitetura, engenharia e construção (AEC) é uma questão global. A não identificação e gestão adequadas dos riscos de segurança pode não só levar a problemas na consecução dos objectivos do projeto, como também pode conduzir a acidentes de segurança fatais e irreparáveis no domínio dos projectos de construção. Complicações Devido à existência de novos princípios no domínio da construção, a necessidade de observar os princípios de segurança durante a conceção e antes da construção do projeto tornou-se mais visível. A antecipação dos riscos de segurança durante a conceção e o cumprimento atempado dos princípios durante a execução são essenciais para reduzir os danos. A melhoria e a aceleração do referido processo com recurso às tecnologias da informação estão a progredir rapidamente. A utilização da modelação da informação da construção (BIM) para identificar e eliminar riscos e perigos em projectos de construção é feita de diferentes formas. Em combinação com as tecnologias da informação e da comunicação na fase de projeto, conduziu à eliminação e redução dos custos e das consequências humanas, financeiras e sociais. Este documento apresenta uma panorâmica da gestão de riscos tradicional e uma análise exaustiva da literatura publicada sobre os mais recentes esforços de gestão de riscos que utilizam tecnologias como o (BIM), a monitorização automatizada de regras, os sistemas baseados no conhecimento, as tecnologias da informação e os sistemas reactivos e preventivos e de segurança baseados nas tecnologias da informação. Os resultados mostram que o BIM pode ser utilizado não só para apoiar o processo de desenvolvimento do projeto como uma ferramenta sistemática de gestão do risco, mas também como um gerador e uma plataforma principal para servir outras ferramentas baseadas no BIM. Atualmente, com o rápido desenvolvimento da construção no país, os problemas de segurança nos estaleiros de construção tornaram-se um problema grave. Por conseguinte, é necessário prestar atenção à segurança, identificar os indicadores que a afectam e avaliar a segurança nos projectos, a fim de melhorar o desempenho dos projectos de construção em termos de segurança. Durante as últimas décadas, o nível de consciencialização relativamente à saúde e à segurança aumentou muito, e esta questão pode contribuir significativamente para a redução da taxa de acidentes. Apesar dos muitos avanços registados neste domínio, continua a verificar-se uma elevada taxa de acidentes na indústria da construção, que apresenta a maior frequência de acidentes em comparação com outras indústrias. As caraterísticas únicas dos projectos de construção e a sua natureza de alto risco, por um lado, e as questões financeiras e económicas dos programas de segurança, por outro, aumentaram o potencial de eventos de alto risco na indústria da construção. Os projectos de construção têm uma natureza dinâmica e competitiva e estão associados ao risco. O risco está nos projectos de construção. Por outras palavras, a indústria da construção está sempre confrontada com muitos e diferentes riscos que ameaçam os objectivos do projeto. Para fazer face a estes problemas, parece inevitável utilizar processos de gestão, incluindo a gestão do risco. O ambiente e as condições em mudança da indústria da construção, a complexidade crescente e a singularidade de cada projeto, a utilização de métodos passados que são altamente dependentes de dados estatísticos trouxeram problemas. Os defeitos destes métodos na adaptação às condições actuais e a falta de necessidade de avaliações muito precisas em todas as fases da gestão do projeto justificam a utilização de métodos mais compatíveis e mais simples. O objetivo da gestão do risco é identificar fontes de risco e incertezas, determinar o seu impacto e desenvolver respostas de gestão adequadas aos itens de risco. Relativamente aos processos de gestão do risco, muitos investigadores propuseram diferentes métodos. Quase todos estes métodos têm um fluxo de trabalho semelhante, com diferenças na criação de etapas para controlar os riscos. O objetivo destes processos é minimizar os efeitos dos riscos nos objectivos do projeto, eliminando ou partilhando os riscos. O sector da construção é um dos sectores mais arriscados devido à sua natureza. A gestão de riscos na indústria da construção é um tópico importante para a investigação, e esta centra-se geralmente no desenvolvimento de modelos para a gestão de riscos. A avaliação dos riscos de segurança do projeto nas fases iniciais do projeto é muito complicada porque a natureza do risco depende de vários factores. Vários factores, como o erro humano e a indisponibilidade de dados e informações suficientes, são afectados. Por outro lado, os riscos têm um carácter vago e incerto. A incerteza e a ambiguidade são normalmente definidas por termos linguísticos como baixo, alto, muito alto, etc. Por conseguinte, para gerir os riscos, todos os riscos devem ser corretamente identificados para que o risco possa ser determinado de acordo com a probabilidade de ocorrência, a gravidade do efeito de um deles possa ser obtida no projeto e o objetivo final do projeto possa ser alcançado. O que é a gestão de riscos dos projectos de construção? A gestão de riscos dos projectos de construção inclui a identificação, a análise, a avaliação e o controlo dos riscos relacionados com os projectos de construção. Os riscos que podem surgir nos projectos de construção incluem factores como atrasos na entrega de materiais, defeitos na qualidade da construção, defeitos no planeamento e na gestão do projeto, alterações nas leis e regulamentos, etc. A gestão de riscos dos projectos de construção inclui a identificação, análise, avaliação e controlo dos riscos relacionados com os projectos de construção. Os riscos que podem surgir nos projectos de construção incluem factores como atrasos na entrega de materiais, defeitos na qualidade da construção, defeitos no planeamento e gestão do projeto, alterações legislativas e regulamentares, etc.

Ao gerir os riscos dos projectos de construção, é possível evitar a ocorrência de problemas e danos e concluir o projeto com êxito. Para este efeito, são utilizadas várias ferramentas, como a análise SWOT, a análise PESTEL, a análise tecnológica, a análise da competitividade, etc. A indústria da construção é conhecida por ser uma das indústrias mais perigosas em termos de fatalidades relacionadas com o trabalho, taxas de lesões e indemnizações aos trabalhadores. Por conseguinte, a avaliação dos riscos de segurança é um passo essencial e fundamental que deve ser dado na gestão de grandes projectos de construção. A indústria da construção é uma das indústrias mais arriscadas devido à sua natureza única. Os acidentes durante a construção causam muitas tragédias humanas, cujas consequências são coisas como a falta de motivação dos trabalhadores, fases de construção desarticuladas, atrasos no progresso dos trabalhos e, cada vez mais, um aumento dos custos dos projectos, uma diminuição da produtividade e da credibilidade da indústria da construção. Por conseguinte, a gestão dos riscos na arquitetura, na engenharia e na indústria da construção é uma questão fundamental. A segurança requer atenção e planeamento durante todo o projeto - desde a fase de conceção até à manutenção. A modelação da informação da construção é um tópico novo e em crescimento na indústria da construção para efeitos de segurança e gestão do risco, que revolucionou a entrega de projectos, a conceção e a gestão das comunicações e a organização das estruturas. Esta nova técnica não só fornece novas ferramentas de projeto e novos métodos de gestão, como também facilita significativamente a cooperação e a comunicação intra e extra-organizacional, que são condições necessárias para o sucesso da gestão do risco. A gestão de contratos é um dos aspectos críticos da gestão de projectos de construção, que desempenha um papel essencial no sucesso ou insucesso dos projectos. Devido à sua natureza complexa e dinâmica, os projectos de construção são susceptíveis a vários tipos de riscos. Risco significa a possibilidade de um acontecimento que pode ter um impacto negativo nos objectivos do projeto. Na gestão de contratos, os riscos podem incluir problemas financeiros, atrasos, defeitos técnicos, problemas jurídicos e outros factores que podem levar ao aumento dos custos, à redução da qualidade ou à incapacidade de atingir os objectivos do projeto. A gestão dos riscos em projectos de construção exige uma abordagem sistemática e é abrangente. A identificação e avaliação dos riscos é a primeira etapa da gestão dos riscos. Este processo inclui a identificação de todos os riscos possíveis e a avaliação do impacto e da probabilidade de cada um deles. Nesta fase, podem ser úteis ferramentas como a análise SWOT, a análise PESTEL e a matriz de risco. A identificação dos riscos exige a interação com todas as partes interessadas no projeto. Isto inclui a consulta de empreiteiros, fornecedores, gestores de projeto e mesmo clientes. As opiniões e experiências destas pessoas podem ajudar a identificar riscos ocultos. Depois de identificar e avaliar os riscos, deve ser desenvolvido um plano abrangente para a sua gestão. Este programa deve incluir estratégias para reduzir, evitar, transferir e aceitar os riscos. O desenvolvimento de um plano de gestão de riscos com a ajuda de ferramentas como o planeamento de probabilidades e diagramas de árvores de decisão pode ser eficaz. As condições do projeto podem mudar e podem surgir novos riscos que têm de ser geridos. Por conseguinte, é necessário efetuar uma revisão periódica do plano de gestão dos riscos. A escolha do tipo correto de contrato pode ajudar a reduzir os riscos contratuais. Os contratos baseados nos custos, os contratos de preço fixo e os contratos baseados no desempenho têm as suas próprias vantagens e desvantagens e devem ser selecionados com base nas circunstâncias do projeto. Por exemplo, os contratos a preço fixo podem ser adequados para projectos que tenham um âmbito e um âmbito de trabalho específicos. Já os contratos baseados nos custos podem ser mais adequados para projectos complexos com elevada incerteza. A utilização do seguro correto pode ajudar a reduzir os riscos financeiros. Os seguros de responsabilidade profissional, os seguros de construção e os seguros dos trabalhadores podem compensar os danos em caso de acidentes inesperados. Os seguros de responsabilidade profissional são especialmente importantes em projectos grandes e complexos, onde é mais provável que ocorram erros técnicos e problemas de execução. O seguro de edifícios também pode cobrir riscos relacionados com catástrofes naturais, roubo e destruição súbita. O facto de se deparar com perigos no ambiente circundante sempre acompanhou o homem desde o início da civilização humana, razão pela qual o homem avançou para a gestão dos riscos em matéria de segurança. Provavelmente, também está interessado em saber como fazer este trabalho e os seus princípios básicos. Desde o seio da natureza, como enfrentar o ataque de animais selvagens ou mesmo o conflito com outros humanos, sempre foi considerado uma ameaça à segurança humana. Foi a existência destes riscos e perigos que levou o ser humano a encontrar uma solução para prever e lidar com possíveis perigos. soluções como a construção de abrigos para proteção contra ameaças, que, naturalmente, devido à má construção, se tornaram num novo perigo e risco na vida humana. Um ciclo que continua até aos dias de hoje e com o aparecimento de qualquer forma de lidar com os riscos Diferentes, novos riscos foram acrescentados a este ciclo. No entanto, lidar com estes riscos e reduzi-los de forma a manter a segurança na sociedade atual é, por vezes, feito através de esforços colectivos e do governo e, por vezes, estes métodos de lidar com eles são da responsabilidade de membros individuais da sociedade. No entanto, tendo em conta a vasta gama de riscos que as pessoas e as empresas enfrentam e, naturalmente, os vários métodos de lidar com eles, sente-se a necessidade de um método sistemático como a gestão dos riscos na segurança das sociedades. A definição de gestão de riscos e o seu reconhecimento no domínio da economia e da segurança, vamos procurar uma resposta para os métodos de lidar com o risco, bem como as etapas da sua realização. chamada atividade. De facto, um programa de gestão do risco com estratégias corretas, ao reduzir os pedidos de indemnização e os prémios de seguro, pode minimizar os problemas que, para além de stressantes, envolvem custos. Uma correta gestão dos recursos humanos desempenha um papel vital na redução dos riscos humanos. A formação dos trabalhadores, a criação de motivação e o controlo contínuo do seu desempenho podem ajudar a melhorar a qualidade e a reduzir os riscos humanos. O crescente desenvolvimento das indústrias e o avanço da tecnologia e, consequentemente, a utilização de vários tipos de máquinas, tornaram-se um prelúdio para a ocorrência de vários acidentes em ambientes de trabalho. A realização de cursos de formação contínua, a criação de um ambiente de trabalho seguro e saudável, a oferta de recompensas e incentivos financeiros e não financeiros são algumas das soluções que podem ajudar a melhorar o desempenho e a reduzir os riscos humanos. Por esta razão, hoje em dia, utilizando diferentes métodos para identificar os riscos existentes e avaliar a quantidade de risco, é possível atuar antes da ocorrência de um acidente, identificando os pontos de risco para o evitar. É aqui que entra em ação a gestão dos riscos em matéria de segurança, enquanto método sistemático para determinar a prioridade dos riscos existentes e encontrar uma solução para reduzir o risco. Como se sabe, a realização de várias actividades nas indústrias exige a presença de factores em que a negligência pode conduzir a resultados adversos, como danos nos trabalhadores, nos produtos fabricados, nos serviços prestados ou mesmo no ambiente. A monitorização e o controlo contínuo do projeto é um dos factores mais importantes na gestão do risco. A utilização de software de gestão de projectos, a elaboração de relatórios regulares e a realização de reuniões periódicas podem ajudar a identificar e a controlar os riscos. Por conseguinte, a gestão e o controlo de possíveis riscos e a familiarização com os seus métodos de avaliação são muito importantes para criar um ambiente seguro em todas as unidades industriais.

Mas o que pretendemos analisar a seguir é uma breve descrição das etapas do programa de gestão dos riscos em matéria de segurança e avaliação dos perigos no ambiente de trabalho. De acordo com as normas (HSE), que significa Health, Safety, Environment (Saúde, Segurança, Ambiente), ou seja, saúde no trabalho, segurança no trabalho e ambiente, um programa de gestão de riscos é definido em cinco etapas, que descreveremos brevemente de seguida. Depois de identificar o contexto do risco, é altura de descrever e identificar o risco. Como uma das etapas da gestão dos riscos em matéria de segurança, as probabilidades de cada risco e os seus resultados são analisados com base em critérios de medição específicos. Nesta secção, são considerados os métodos de controlo de cada risco e estes métodos são considerados como uma solução adequada para o controlo do risco. O software de gestão de projectos pode ajudar a facilitar o processo de monitorização. Estes softwares fornecem ferramentas para acompanhar o progresso do trabalho, a gestão de recursos e a análise de dados, que podem ser úteis na identificação e no controlo dos riscos. Em seguida, ao especificar o grau de adequação ou não destes controlos, estima-se a sua eficácia na prevenção da ocorrência de riscos e na redução do montante dos efeitos resultantes. O sector da construção é mais arriscado do que qualquer outra profissão. Há muitos perigos no estaleiro de construção; mas há muitas formas de minimizar os acontecimentos adversos. O trabalho de construção envolve muitos riscos e os empregadores sabem que a gestão dos trabalhadores é difícil. Quando o empregador decide construir um edifício, tem de tomar as medidas necessárias para evitar acidentes, fornecer aos trabalhadores equipamento de segurança e dar-lhes a formação necessária para evitar danos físicos. Em grandes projectos de construção, se o montante do investimento necessário para a construção dos projectos for superior aos recursos disponíveis para os construtores e outros financiadores, é inevitável o aparecimento de incertezas na gestão financeira dos projectos. Nesta situação, a identificação e a gestão dos riscos relacionados com o financiamento de projectos aumentam a probabilidade de o projeto atingir os objectivos desejados. Os riscos do financiamento de tais projectos.

A evolução económica e industrial das últimas décadas teve um grande impacto no domínio financeiro das empresas e dos projectos. Algumas dessas alterações são as mudanças nos sistemas de produção e o aparecimento de sistemas de produção flexíveis em vez de sistemas de produção de um único produto, o progresso tecnológico e o aumento da velocidade das inovações e o aparecimento de novos produtos, a expansão e o desenvolvimento de ferramentas informáticas e de tecnologias da informação, o aumento do rendimento per capita e o aumento do desejo de poupar, as alterações da taxa de câmbio, as alterações da legislação e da regulamentação comercial, o défice orçamental do Estado, a inflação, o aumento dos custos financeiros e as alterações da legislação e da regulamentação fiscal. O conjunto destes desenvolvimentos conduz a muitas incertezas no domínio financeiro das empresas e dos projectos. Nas empresas e nos projectos de construção de todos os países, normalmente a equipa do projeto e os beneficiários dos projectos de construção enfrentam diferentes desafios, como o aumento dos custos, os atrasos na entrega dos projectos, o controlo da qualidade e a rentabilidade. O aumento dos custos de aquisição do projeto representa certos riscos que podem causar novos problemas, tais como atrasos na entrega do projeto e atração de recursos. Nos grandes projectos de construção, quando o capital necessário para construir um projeto é superior aos recursos financeiros de que o proprietário ou empregador dispõe, é inevitável o aparecimento de incertezas e riscos relativamente ao financiamento atempado. Em tal situação, é importante identificar e gerir os riscos relacionados com o financiamento do projeto para uma gestão eficaz do projeto e para atingir os objectivos de tempo, custo e qualidade do projeto e obter uma rentabilidade mais adequada. Por outro lado, normalmente, os empregadores profissionais e as empresas de investimento têm na sua agenda a execução de vários projectos em simultâneo e fornecem parte dos recursos financeiros necessários para um projeto a partir da venda e pré-venda de outros projectos. Nesta situação, dois factores desempenham um papel essencial na disponibilização atempada dos recursos necessários para a construção de um projeto. O primeiro fator é a identificação dos métodos de financiamento e o segundo fator é a gestão dos recursos financeiros, que provêm principalmente da venda e da pré-venda do mesmo projeto ou de outros projectos do empregador. Por esta razão, a gestão dos riscos de financiamento tem uma importância significativa na gestão dos recursos financeiros e na realização dos objectivos pré-determinados do projeto. A gestão de riscos é um dos maiores desafios do século XXI. A tendência crescente de catástrofes humanas, perdas económicas e danos ambientais tem chamado a atenção para as evidências relacionadas com as perdas causadas por catástrofes humanas e naturais, exigindo uma abordagem sistemática da categoria de gestão de riscos. Os resultados das recentes colaborações e parcerias tornaram mais complicada a vida quotidiana em geral e a gestão de riscos em particular, bem como a sua relação com a análise de sistemas. A

Associação Mundial para a Gestão do Risco de Catástrofes foi criada como uma rede para a implementação e disseminação da investigação aplicada no domínio da gestão do risco de catástrofes. que, na verdade, fornece um quadro específico para a participação na criação de uma cultura integrada de gestão e prevenção de riscos. Os contratos explicam os procedimentos, as comunicações, os poderes e as obrigações das partes no contrato, que nos projectos são introduzidos pelas partes no contrato com os nomes do empregador e do contratante e os procedimentos mencionados são especificados no mesmo.

Nos projectos de construção, para atingir os objectivos estabelecidos, existem ameaças e oportunidades relacionadas com os elementos-chave do projeto, incluindo o tempo, o custo, a qualidade, e a raiz da maioria destas ameaças e oportunidades pode ser encontrada em conjuntos de condições de incerteza. A posição deste tópico torna-se mais óbvia especialmente na situação atual em que os projectos enfrentam crises a cada momento. O ambiente do projeto é afetado pelas condições de incerteza e estas condições são mais agudas nos grandes projectos. Por outro lado, no ciclo de vida do projeto, o estabelecimento e a monitorização da segurança é uma das condições importantes e obrigatórias para o início, a conclusão, o fim e a operação, apesar do papel especial deste fator. No sucesso do projeto, devido à influência de vários factores, tais como: culturais, sociais, económicos e várias questões técnicas, não é dada muita atenção a esta categoria, especialmente no nosso país. A ocorrência de vários acidentes e numerosas perdas humanas e financeiras são o resultado desta negligência. Por conseguinte, ao implementar o processo de gestão do risco e ao ter em conta o impacto e a probabilidade de ocorrência de qualquer evento causado pela falta de atenção à categoria de segurança, é possível melhorar o nível de segurança do projeto e evitar a ocorrência de eventos que resultam num desperdício de tempo, de custos e mesmo da qualidade do projeto. A indústria da construção é conhecida por ser uma das indústrias mais perigosas em termos de fatalidades relacionadas com o trabalho, taxas de lesões e indemnizações aos trabalhadores. Os acidentes nesta indústria são causados pela ineficácia dos métodos convencionais de avaliação de riscos, bem como pela implementação de actividades sem ter em conta as normas de segurança, que têm um grande impacto na saúde e segurança dos trabalhadores. Por conseguinte, a identificação e avaliação dos perigos e riscos é uma etapa necessária nesta indústria, e a análise de segurança é uma medida eficaz e ativa para identificar, avaliar e controlar os riscos nos métodos industriais. A indústria da construção é conhecida como uma das indústrias mais perigosas em termos de acidentes de trabalho, taxas de lesões e pagamentos de indemnizações aos trabalhadores. Por conseguinte, a avaliação dos riscos de segurança é uma etapa essencial e fundamental que deve ser realizada na gestão de grandes projectos de construção. Uma das caraterísticas de qualquer projeto é o orçamento e o tempo limitados para atingir os seus objectivos. No entanto, os projectos enfrentam muitas incertezas que tornam arriscado atingir esses objectivos.

O método convencional de gestão do valor acrescentado é um dos métodos de avaliação mais importantes com o objetivo de fornecer indicadores de desempenho integrados do projeto, que se baseia na utilização de variáveis com valores fixos e tem a limitação de que a incerteza do custo e do tempo das actividades do projeto não pode ser diretamente modelada de forma explícita. Uma das caraterísticas de qualquer projeto é o orçamento e o tempo limitados para completar os seus objectivos. No entanto, os projectos enfrentam muitas incertezas que tornam arriscado atingir esses objectivos. O método convencional de gestão do valor acrescentado é um dos métodos de avaliação mais importantes com o objetivo de fornecer indicadores de desempenho integrados do projeto, que se baseia na utilização de variáveis com valores fixos e tem a limitação de que a incerteza do custo e do tempo das actividades do projeto não pode ser diretamente modelada de forma explícita. Em qualquer projeto, a prioridade mais importante deve ser a segurança. A segurança nos projectos significa planear, gerir e executar actividades de forma a minimizar os riscos e perigos possíveis e a evitar danos nas pessoas e nos equipamentos. Em geral, a segurança refere-se a um conjunto de factores, incluindo princípios, procedimentos e condições, cujo objetivo é evitar lesões, danos, perdas e acidentes inesperados no local de trabalho e na sociedade. De facto, a segurança é um esforço que se faz para proteger e garantir a saúde das pessoas no ambiente e, nestas condições, o equipamento também deve funcionar de forma segura. A segurança é importante em todos os domínios da vida. Incluindo o ambiente de trabalho, o ambiente de vida, as questões relacionadas com os transportes, os ambientes industriais e de construção, etc. O principal objetivo da segurança é garantir que as pessoas em diferentes ambientes não sejam expostas a

riscos e lesões e evitar acidentes em geral. A segurança inclui a investigação e a identificação dos riscos, a avaliação e a redução dos riscos, a conceção e a utilização óptima do equipamento de segurança, a educação e a sensibilização do público, a aplicação de normas e orientações para a gestão de crises e a saúde e segurança no trabalho. A segurança industrial refere-se a um conjunto de medidas e políticas que reduzem os riscos, reduzem as lesões físicas e reduzem as perdas financeiras no ambiente. Visa o trabalho e, naturalmente, o principal objetivo da segurança industrial é proteger os trabalhadores, o ambiente e o equipamento contra riscos e factores nocivos, direta ou indiretamente, no ambiente de trabalho. A segurança industrial baseia-se na utilização de princípios e métodos de engenharia de segurança e, com a ajuda de equipamento de proteção individual e de uma organização adequada, os empregadores e os trabalhadores estão protegidos contra possíveis riscos no ambiente de trabalho.
Estes princípios incluem a identificação e a avaliação dos riscos, o controlo e a redução dos riscos, a formação e a sensibilização dos trabalhadores, o planeamento da prevenção de acidentes e o fornecimento de equipamento de segurança e de proteção individual. Por conseguinte, a segurança industrial é considerada uma parte essencial da gestão da qualidade e do desempenho das organizações. Criar uma cultura de segurança nas organizações e prestar atenção à segurança a todos os níveis organizacionais são alguns dos principais objectivos da segurança industrial. A segurança nos projectos é uma questão importante e tem uma longa história. Ao longo dos anos, a atenção à segurança nos projectos tem aumentado, as normas e os procedimentos de segurança têm sido melhorados. A história da segurança no Irão, tal como noutros países, remonta há muito tempo. Ao longo dos anos, a atenção à segurança tem aumentado no Irão e têm sido feitos progressos no domínio das normas, da legislação e da sensibilização para a segurança. O cumprimento das questões de segurança nos projectos é muito importante e deve ser considerado em todas as fases do projeto. O cumprimento das normas de segurança, a formação adequada dos trabalhadores e a utilização de equipamento de segurança podem desempenhar um papel significativo na minimização dos riscos e na prevenção de acidentes no âmbito dos projectos, pelo que todas as pessoas envolvidas nos projectos devem compreender a importância da segurança e dar o seu melhor. Para manter a segurança durante a execução dos projectos.

Risco ou oportunidade é um estado de um evento cujo resultado é incerto mas mensurável; o resultado deste evento pode ser positivo ou negativo. A incerteza é considerada por muitos como igual ao risco, mas de facto não o é. O risco é um estado de um acontecimento que pode ser calculado, mas a incerteza não tem essa capacidade e não pode ser medida.

REFERÊNCIAS

Agyekum, K., Ghansah, F.A., Tetteh, P.A., Amudjie, J., 2021. O papel dos gestores de projeto (PMs) na implementação da saúde e segurança na construção no Gana. J. Eng., Des. Tech. 19 (1), 245-262. https://doi.org/10.1108/JEDT-04-2020-0122.

Ahmadpur, M., Yasar, I., 2023. Análise dos pontos críticos e avaliação dos factores que influenciam os índices regionais de segurança e gravidade dos acidentes rodoviários: perspectivas do Irão. Int. J. Inj. Contr. Saf. Promot. 30 (1), 629-642.

Alruqi, W.M., Hallowell, M.R., Techera, U., 2018. Dimensões do clima de segurança e sua relação com o desempenho da segurança na construção: uma revisão meta-analítica. Saf. Sci. 109, 165-173. https://doi.org/10.1016/j.ssci.2018.05.019.

Alruqi, W.M., Hallowell, M.R., 2019. Factores críticos de sucesso para a segurança na construção: revisão e meta-análise dos principais indicadores de segurança. J. Constr. Eng. Manag. 145 (3), 04019005. https://doi.org/10.1061/(ASCE)CO.1943-7862.0001626.

Asah-Kissiedu, M., Manu, P., Booth, C.A., Mahamadu, A.M., Agyekum, K., 2021. Gestão integrada de segurança, saúde e meio ambiente na indústria da construção: principais atributos de capacidade organizacional. J. Eng., Des. Tech. https://doi.org/ 10.1108/JEDT-08-2021-0436.

Badri, A., Gbodossou, A., Nadeau, S., 2012. Riscos de saúde e segurança no trabalho: rumo à integração na gestão de projectos. Saf. Sci. 50 (2), 190-198. https://doi.org/ 10.1016/j.ssci.2011.08.008.

Bang, S., Aarvold, M.O., Hartvig, W.J., Olsson, N.O.E., Rauzy, A., 2022. Aplicação da aprendizagem automática a conjuntos de dados limitados: previsão do sucesso do projeto. ITcon 27, 732-755. https://doi.org/10.36680/j.itcon.2022.036.

Benjaoran, V., Bhokha, S., 2010. Uma gestão integrada da segurança com a gestão da construção utilizando um modelo CAD 4D. Saf. Sci. 48 (3), 395-403. https://doi.org/ 10.1016/j.ssci.2009.09.009.

Birhane, G.E., Yang, L., Geng, J., Zhu, J., 2022. Causas de lesões na construção: uma revisão. Int. J. Occup. Saf. Ergon. 28, 343-353. https://doi.org/10.1080/ 10803548.2020.1761678.

Boadu, E.F., Wang, C.C., Sunindijo, R.Y., 2020. Caraterísticas da indústria da construção nos países em desenvolvimento e suas implicações para a saúde e a segurança: um estudo exploratório no Gana. Int. J. Environ. Res. Public Health 17 (11), 4110. https://doi.org/10.3390/ijerph17114110.

Choudhry, R.M., Fang, D., Ahmed, S.M., 2008. Gestão da segurança na construção: melhores práticas em Hong Kong. J. Prof. Iss. Eng. Educ. Pract. 134 (1), 20-32. https://doi. org/10.1061/(ASCE)1052-3928(2008)134:1(20).

Chartered Institute of Building (CIOB) (2014). Code of Practice for Project Management for Construction and Development (5 ed.) Chichester, U.K.: Wiley-Blackwell.

Instituto da Indústria da Construção (2021a). CII 10-10 Program wiki. Acedido em: 25 Jan 2021. Universidade do Texas em Austin Disponível em: https://wikis.utexas.edu/displa y/CII1010.

Instituto da Indústria da Construção (2021b). Programa CII 10-10. Acedido em: 25 de janeiro de 2021. The University of Texas at Austin Disponível em: https://www.construction-institute.or g/resources/performance-assessment/cii-10-10-program.

Cooke-Davies, T., 2002. Os "verdadeiros" factores de sucesso nos projectos. Int. Project Manag. 20 (3), 185-190. https://doi.org/10.1016/S0263-7863(01)00067-9.

Dekker, S. & Conklin, T.E. (2022) Do Safety Differently Pre Accident Media, Santa Fé, Novo México.

Durdyev, S., Mohamed, S., Lay, M.L., Ismail, S., 2017. Factores-chave que afectam o desempenho da segurança da construção nos países em desenvolvimento: dados do Camboja. Constr. Econ. Build. 17 (4), 48-65. https://doi.org/10.5130/AJCEB.v17i4.5596.

Ershadi, M.J., Edrisabadi, R., Shakouri, A., 2019. Alinhamento estratégico da gestão de projectos com a gestão da saúde, segurança e ambiente. Ambiente Construído. Project Asset Manag. 10 (1), 78-93. https://doi.org/10.1108/BEPAM-03-2019-002.

Fang, D.P., Huang, X.Y., Hinze, J., 2004. Estudos de benchmarking sobre a gestão da segurança na construção na China. J. Constr. Eng. Manag. 130 (3), 424-432. https://doi.org/ 10.1061/(ASCE)0733-9364(2004)130:3(424).

Fern' andez-Muniz, ˜ B., Montes-Peon, ' J.M., V' azquez-Ordas, ' C.J., 2009. Relação entre a gestão da segurança no trabalho e o desempenho da empresa. Saf. Sci. 47 (7), 980-991. https://doi.org/10.1016/j.ssci.2008.10.022.

Field, A., 2018. Descobrindo estatísticas usando estatísticas do IBM SPSS, 5ª ed., Londres. SAGE Publications Ltd., Londres.

Fjeldstad, Ø.D. & Lunnan, R. (2019) Strategi. Fagbokforlaget, Bergen, Noruega.
Fonseca, E.D., Lima, F.P.A., Duarte, F., 2014. Do estaleiro ao projeto: os diferentes níveis de prevenção de acidentes no sector da construção. Saf. Sci. 70, 406-418. https://doi.org/10.1016/j.ssci.2014.07.006.

Ghodrati, N., Yiu, T.W., Wilkinson, S., Poshdar, M., Talebi, S., Elghaish, F., Sepasgozar, S. M.E., 2022. Consequências não intencionais das estratégias de melhoria da produtividade no comportamento de segurança dos trabalhadores da construção; um passo em direção à integração da segurança e da produtividade. Buildings 12 (3). https://doi.org/10.3390/buildings12030317.

Goh, Y.M., Love, P.E.D., Brown, H., Spickett, J., 2012. Acidentes organizacionais: um modelo sistémico de produção versus proteção. J. Manag. Stud. 49 (1), 52-76. https://doi.org/10.1111/j.1467-6486.2010.00959.x.

Gunduz, M., Yahya, A.M.A., 2018. Análise dos fatores de sucesso do projeto na indústria da construção. Technol. Econ. Dev. Econ. 24 (1), 67-80. https://doi.org/10.1016/j. ergon.2018.01.007.

Haaskjold, H (2021) The Puzzle of Project Transaction Costs - Optimising project transaction costs through client-contractor collaboration. Teses de doutoramento na NTNU, 2021:5.

Haaskjold, H., Andersen, B.S., Langlo, J.A., 2020. Em busca de evidências empíricas para a relação entre colaboração e desempenho do projeto. J. Mod. Project Manag. 7 (4), 1-33. https://doi.org/10.19255/JMPM02207.

Haaskjold, H., Andersen, B.S., Langlo, J.A., 2021. Dissecando a anatomia do projeto: compreender o custo da gestão de projectos de construção. Prod. Plan. Control, ahead-of-print 1-22. https://doi.org/10.1080/09537287.2021.1891480.

Hale, A.R., 2006. Sistemas de Gestão da Segurança. In: Karwowski, W. (Ed.), International Encyclopedia of Ergonomics and Human Factors, Segunda edição. Taylor & Francis Group, Boca Raton, pp. 2301-2310.

Hallowell, M.R., Quashne, M., Salas, R., Jones, M., MacLean, B. & Quinn, E. (2020). A invalidade estatística do TRIR como medida de desempenho de segurança. A Aliança de Pesquisa de Segurança da Construção. Disponível em: https://www.colorado.edu/lab/csra/sites /default/files/attached-files/the_statistical_invalidity_of_trir_reduced_size.pdf.

Haslam, R.A., Hide, S.A., Gibb, A.G.F., Gyi, D.E., Pavitt, T., Atkinson, S., Duff, A.R., 2005. Factores que contribuem para os acidentes na construção. Appl. Ergon. 36 (4 SPEC. ISS.), 401-415. https://doi.org/10.1016/j.apergo.2004.12.002.

Hinze, J., Hallowell, M., Baud, K., 2013a. Melhores práticas de segurança na construção e relações com o desempenho da segurança. J. Constr. Eng. Manag. 139 (10), 04013006. https://doi.org/10.1061/(ASCE)CO.1943-7862.0000751.

Hinze,J.,Thurman,S.,Wehle,A.,2013b.Leading indicators of construction safety performance. Saf. Sci. 51 (1), 23-28. https://doi.org/10.1016/j.ssci.2012.05.016.

Hollnagel, E., 2014. Safety-I e Safety-II: O passado e o futuro da gestão da segurança. Ashgate Publishing, Ltd.

Hovden, J. (2004). Sikkerhet i forskning og praksis: Et utfordrende mangfold med Sikkerhetsdagene som arena. [Segurança na investigação e na prática: A challenging diversity with
A "Sikkerhetdagene" como arena] In: Fra flis til fingeren til ragnarok: tjue historier om sikkerhet. Lydersen, S. (red). pp.31-50. Trondheim: Tapir akademisk forl. ISBN13:9788251919982.

Organização Internacional do Trabalho (OIT) (2022). Base de dados ILOSTAT Indicadores do mercado de trabalho dos ODS (ILOSDG) Lesões profissionais fatais por 100 000 trabalhadores. Última atualização: 4 de setembro de 2022. Disponível em https://ilostat.ilo.org/data/.

Jaselskis, E.J., Anderson, S.D., Russell, J.S., 1996. Strategies for achieving excellence in construction safety performance. J. Constr. Eng. Manag. 122 (1), 61-70. https://doi. org/10.1061/(ASCE)0733-9364(1996)122:1(61).

Jiang, Z.M., Fang, D.P., Zhang, M.C., 2015. Compreender a causalidade dos comportamentos inseguros dos trabalhadores da construção civil com base na modelação da dinâmica do sistema. J. Manag. Eng. 31 (6) https://doi.org/10.1111/j.1467-6486.2010.00959.x.

Khanzode, V.V., Maiti, J., Ray, P.K., 2012. Investigação sobre lesões e acidentes de trabalho: uma revisão exaustiva. Saf. Sci. 50 (5), 1355-1367. https://doi.org/10.1016/j. ssci.2011.12.015.

Khosravi, Y., Asilian-Mahabadi, H., Hajizadeh, E., Hassanzadeh-Rangi, N., Bastani, H., Behzadan, A.H., 2014. Factores que influenciam os comportamentos inseguros e os acidentes nos estaleiros de construção: uma revisão. Int. J. Occup. Saf. Ergon. 20, 111-125. https://doi.org/ 10.1080/10803548.2014.11077023.

Kjell'en, U., 2009. O problema da medição da segurança revisitado. Saf. Sci. 47 (4), 486-489. https://doi.org/10.1016/j.ssci.2008.07.023.

Kjell'en, U., Albrechtsen, E., 2017. Prevenção de Acidentes e Ocorrências Indesejadas: Teoria, Métodos e Ferramentas na Gestão da Segurança, 2.ª ed., Lisboa. CRC Press, Boca Raton. https://doi.org/10.1201/9781315120973.

Kjell'en, U., Larsson, T.J., 1981. Investigação de acidentes e redução de riscos - uma abordagem dinâmica.J. Occup. Accid. 3 (2), 129-140.

Kongsvik, T., Almklov, P., Fenstad, J., 2010. Indicadores de segurança organizacional: algumas considerações conceptuais e uma abordagem qualitativa suplementar. Saf. Sci. 48 (10), 1402-1411.

Langlo, J.A., Bakken, S., Karud, O.J., Landet R.R., Olsen, A.S., Andersen, B. & Hajikazemi, S. (2017). Sluttrapport Måleprosjektet - Prestasjonslåling i norsk BAEnæring [Relatório final, Medição do desempenho no sector norueguês da construção e do imobiliário]. Disponível em: https://www.bnl.no/siteassets/dokumenter/r apporter/2017-11-09-sluttrapport- maleprosjektet-prestasjonslåling-i-norsk-bae-n aring_endelig.pdf. Trondheim: SINTEF.

Le Coze, J.C., 2019. Segurança como estratégia: erros, falhas e fiascos em sistemas de alto risco. Saf. Sci. 116, 259-274. https://doi.org/10.1016/j.ssci.2019.02.02.

Ling, F.Y.Y., Low, S.P., Wang, S.Q., Lim, H.H., 2009. Key project management practices affecting Singaporean firms' project performance in China. Int. J. Proj. Manag. 27 (1), 59-71. https://doi.org/10.1016/j.ijproman.2007.10.004.

Lingard, H., Wakefield, R., Cashin, P., 2011. O desenvolvimento e teste de uma medida hierárquica do desempenho da SST do projeto. Eng. Constr. Archit. Manag. 18 (1), 30-49.

Lingard, H., Hallowell, M., Salas, R., Pirzadeh, P., 2017. Leading or lagging? Análise temporal de indicadores de segurança num grande projeto de construção de infra-estruturas. Saf. Sci. 91, 206-220. https://doi.org/10.1016/j.ssci.2016.08.020.

Lingard, H., Wakefield, R.R., 2019. Integração da saúde e segurança no trabalho na gestão de projectos de construção. Biblioteca Online Wiley.

Luu, V.T., Kim, S.-Y., Huynh, T.-A., 2008. Melhorar o desempenho da gestão de projectos de grandes empreiteiros utilizando uma abordagem de benchmarking. Int. J. Proj. Manag. 26 (7), 758-769. https://doi.org/10.1016/j.ijproman.2007.10.002.

MacCallum, R.C., Widaman, K.F., Zhang, S., Hong, S., 1999. Tamanho da amostra na análise de factores. Psychol. Methods 4 (1), 84.

Mohammadi, A., Tavakolan, M., Khosravi, Y., 2018. Factores que influenciam o desempenho da segurança em projectos de construção: uma revisão. Saf. Sci. 109, 382-397. https://doi. org/10.1016/j.ssci.2018.06.017.

Mohammadi, A., Tavakolan, M., 2019. Modelagem dos efeitos da pressão de produção no desempenho de segurança em projetos de construção usando a dinâmica do sistema. J. Saf. Res. 70, 273-284. https://doi.org/10.1016/j.jsr.2019.10.004.

Noetel, K.-H., 2018. 1594a Visão zero na construção: trabalho sustentável e desenvolvimento sustentável. Ocup. Environ. Med. 75 (Suppl 2), A84. https://doi.org/10.1136/ oemed-2018- ICOHabstracts.240. Nórdico 10-10

(2021).

Nórdico 10-10. Prestasjonsmåling og benchmarking av prosjekter. [Avaliação de desempenho e benchmarking de projectos] Acesso em: 25 jan 2021. Disponível em: https://nordic10-10.org/.

Nunnally, J., 1978. Psychometric theory, 2nd ed., McGraw-Hill, York. McGraw-Hill, Nova Iorque. OECD (2014) Guidance on Developing Safety Performance Indicators For Industry, Disponível em: https://www.oecd.org/env/guidance-on-developing-safety-performance-indicat ors-for-industry- 9789264221741-en.htm.

Oswald, D., Zhang, R.P., Lingard, H., Pirzadeh, P., Le, T., 2018. O uso e abuso de indicadores de segurança na construção. Eng. Constr. Archit. Manag. 25 (9), 1188-1209. https://doi.org/10.1108/ECAM-07-2017-0121.

Pinto, J.K., 2020. Gestão de projectos: alcançar vantagem competitiva. Pearson, Boston.

Pinto, J.K., Slevin, D.P., 1988. Critical success factors across the project life cycle: definitions and measurement techniques. Proj. Manag. J. 19 (3), 67-75.

Project Management Institute (PMI) (2017). A Guide to the Project Management Body of Knowledge (PMBOK® Guide)-Sixth Edition (Vol. Sexta edição). Newtown Square, PA: Project Management Institute.

Rasmussen, J., 1997. Risk Management In A Dynamic Society: A Modelling Problem. SafetyScience 27 (2), 183-213.

Redinger, C.F., Levine, S.P., 1998. Desenvolvimento e avaliação do instrumento de avaliação do sistema de gestão da segurança e saúde no trabalho do Michigan: uma ferramenta universal de medição do desempenho do SGSST. Am. Ind. Hyg. Assoc. J. 59 (8), 572-581. https://doi.org/10.1080/15428119891010758.

Rolstadås, A., Tommelein, I., Morten Schiefloe, P., Ballard, G., 2014. Compreender o sucesso do projeto através da análise da abordagem de gestão de projectos. Int. J. Manag. Proj. Bus. 7 (4), 638- 660. https://doi.org/10.1108/IJMPB-09-2013-0048.

Sawacha, E., Naoum, S., Fong, D., 1999. Factores que afectam o desempenho da segurança nos estaleiros de construção. Int. J. Proj. Manag. 17 (5), 309-315. https://doi.org/10.1016/ S0263-7863(98)00042-8.

Shenhar, A., 2015. O que é liderança estratégica de projetos? Open Econ. Manag. J. 2, 29-37. https://doi.org/10.2174/2352630001502010029.

Teo, E.A.L., Ling, F.Y.Y., Chong, A.F.W., 2005. Quadro para os gestores de projectos gerirem a segurança na construção. Int. J. Proj. Manag. 23 (4), 329-341. https://doi.org/ 10.1016/j.ijproman.2004.09.001.

Tinmannsvik, R.K., Hovden, J., 2003. Critérios de diagnóstico de segurança - desenvolvimento e teste. Saf. Sci. 41 (7), 575-590. https://doi.org/10.1016/S0925-7535(02)00012-7.

Toor, S., Ogunlana, S.O., 2009. A perceção dos profissionais da construção sobre os factores críticos de sucesso em projectos de construção em grande escala. Constr. Innov. 9 (2), 149-167. https:// doi.org/10.1108/14714170910950803.

Torner, ¨ M., Pousette, A., 2009. Segurança na construção - uma descrição abrangente das caraterísticas de elevados padrões de segurança no trabalho de construção, na perspetiva combinada de supervisores e trabalhadores experientes. J. Saf. Res. 40 (6), 399-409. https://doi.org/10.1016/j.jsr.2009.09.005.

Winge, S., Albrechtsen, E., Arnesen, J., 2019. Uma análise comparativa da gestão da segurança e do desempenho da segurança em doze projectos de construção. J. Saf. Res. 71 (139), 152. https://doi.org/10.1016/j.jsr.2019.09.015.

Woolley, M.J.I., Goode, N., Read, G.J.M., Salmon, P.M., 2018. Indo além do teto organizacional: as investigações de acidentes de construção se alinham com o pensamento sistêmico? Hum. Factors Ergon. Manuf. Serv. Ind. 28 (6), 297-308. https://doi.org/ 10.1002/hfm.20749.

Woolley, M., Goode, N., Salmon, P., Read, G., 2020. Quem é responsável pela segurança na construção na Austrália? Uma análise STAMP. Saf. Sci. 132, 104984 https://doi.org/ 10.1016/j.ssci.2020.104984.

Yap, J.B.H., Chow, I.N., Shavarebi, K., 2019. Criticidade dos problemas da indústria da construção nos países em desenvolvimento: análise de projetos malaios. J. Manag. Eng. 35 (5) https://doi.org/10.1061/(ASCE)ME.1943-

5479.0000709.

Yiu, N.S.N., Sze, N.N., Chan, D.W.M., 2018. Implementação de sistemas de gestão da segurança na indústria da construção de Hong Kong - uma perspetiva do profissional de segurança. J. Saf. Res. 64, 1-9. https://doi.org/10.1016/j.jsr.2017.12.011.

Yun, S., Choi, J., de Oliveira, D.P., Mulva, S.P., 2016. Desenvolvimento de métricas de desempenho para benchmarking de projetos de capital baseados em fases. Int. J. Proj. Manag. 34 (3), 389-402. https://doi.org/10.1016/j.ijproman.2015.12.004.

Abrishami, S., Goulding, J., Rahimian, F., 2021. Espaço de trabalho BIM generativo para automatização do projeto concetual AEC: desenvolvimento de protótipo. Eng. Constr. Archit. Manag. https://doi.org/10.1108/ECAM-04-2020-0256.

Akram, R., Thaheem, M.J., Khan, S., Nasir, A.R., Maqsoom, A., 2022. Explorando o papel do BIM na segurança da construção nos países em desenvolvimento: em direção à análise automatizada de riscos. Sustainability. https://doi.org/10.3390/su141912905.

Altohami, A.B.A., Haron, N.A., Ales@Alias, A.H., Law, T.H., 2021. Investigando abordagens de integração de BIM, IoT e gerenciamento de instalações para renovar edifícios existentes: uma revisão. Sustentabilidade. https://doi.org/10.3390/su13073930.

Ameyaw, E.E., Edwards, D.J., Kumar, B., Thurairajah, N., Owusu-Manu, D.G., Oppong, G.D., 2023. Fatores críticos que influenciam a adoção de contratos inteligentes habilitados para blockchain em projetos de construção. J. Constr. Eng. Manag. https://doi.org/ 10.1061/jcemd4.coeng-12081.

Celik, Y., Petri, I., Rezgui, Y., 2023. Integração do BIM e da cadeia de blocos no ciclo de vida da construção e nas cadeias de abastecimento. Comput. Ind. https://doi.org/10.1016/j. compind.2023.103886.

Du, X., 2021. Investigação sobre o método de gestão de projectos de engenharia baseado na tecnologia BIM. Programa Sci. https://doi.org/10.1155/2021/7230585.

Godinho, M., Machete, R., Ponte, M., Falcao, ˜ A.P., Gonçalves, A.B.,

Bento, R., 2020. O BIM como recurso na gestão do património: uma aplicação para o palácio nacional de Sintra, Portugal. J. Cult. Herit. https://doi.org/10.1016/j.culher.2019.11.010.

Ham, N., Moon, S., Kim, J.H., Kim, J.J., 2020. Optimal BIM staffing in construction projects using a queueing model. Autom. Constr. https://doi.org/10.1016/j.

Han, D., Kalantari, M., Rajabifard, A., 2021. Modelagem de informações de construção (BIM) para gestão de resíduos de construção e demolição na Austrália: uma agenda de pesquisa. Sustentar.

Hashimoto, N., Takinami, Y., Yamamoto, M., 2021. Estudo experimental sobre diferentes tipos de curvas para conforto de condução em veículos automatizados. J. Adv. Transp. https://doi. org/10.1155/2021/9297218.

Huang, M.Q., Nini'c, J., Zhang, Q.B., 2021. BIM, aprendizagem automática e técnicas de visão computacional na construção subterrânea: estado atual e perspectivas futuras. Tunn. Undergr. Sp. Technol. https://doi.org/10.1016/j.tust.2020.103677.

Karim, M.A., Abdullah, M.Z., Deifalla, A.F., Azab, M., Waqar, A., 2023. Uma avaliação dos parâmetros de processamento e aplicação de polímeros reforçados com fibras (FRPs) nas indústrias de petróleo e gás natural: uma revisão. Resultados Eng. 18, 101091 https://doi. org/10.1016/j.rineng.2023.101091.

Karimi, S., Iordanova, I., 2021. Integração de BIM e GIS para automação da construção, uma revisão sistemática da literatura (SLR) combinando análise bibliométrica e qualitativa. Arch. Comput. Methods Eng. https://doi.org/10.1007/s11831-021-09545-2.

Lee, D., Lee, S.H., Masoud, N., Krishnan, M.S., Li, V.C., 2021. Gêmeo digital integrado e estrutura de blockchain para apoiar o compartilhamento responsável de informações em projetos de construção. Autom. Constr. https://doi.org/10.1016/j.autcon.2021.103688.

Lee, J.S., Ham, Y., Park, H., Kim, J., 2022. Desafios, tarefas e oportunidades na teleoperação da escavadeira em direção à automação da construção humana no circuito. Autom. Constr.

Li, S., Zhang, Z., Mei, G., Lin, D., Yu, J., Qiu, R., Su, X., Lin, X., Lou, C., 2021. Utilização do BIM na construção de um túnel submarino: um estudo de caso na cidade de Xiamen, China. J. Civ. Eng. Manag. https://doi.org/10.3846/jcem.2021.14098.

Lian, M., Liu, X., 2022. Significado da modelação da informação de construção na gestão moderna de projectos para aplicações sustentáveis em cidades inteligentes. J. Interconnect. Netw. https://doi.org/10.1142/S0219265921410073.

Liu, Z., Li, P., Wang, F., Osmani, M., Demian, P., 2022b. A investigação sobre a redução das emissões de carbono impulsionada pela modelação da informação da construção (BIM): uma análise bibliométrica de 14 anos. Int. J. Environ. Res. Public Health. https://doi.org/10.3390/ijerph191912820.

Liu, H., Han, S., Zhu, Z., 2023. Tecnologia Blockchain para construção inteligente: revisão e direções futuras. J. Constr. Eng. Manag. https://doi.org/10.1061/jcemd4. coeng-11929.

Printed by Books on Demand GmbH, Norderstedt / Germany